DR. MED. VET. JANEY MAY

STUR ODER ÜBERFORDERT?

Stress lass nach für deinen Hund

KOSMOS

INHALT

DAS KOSTENLOSE EXTRA: DIE KOSMOS-PLUS-APP FÜR DIGITALE ZUSATZINHALTE

Dieses Buch bietet dir weitere Inhalte in Form von drei Videodateien von Janey May, die im Buch durch dieses Symbol 123 gekennzeichnet sind.

Und so geht's:

1. Besuche den App Store oder Google Play.
2. Lade die kostenlose App „KOSMOS-PLUS" auf dein Mobilgerät.
3. Dann öffnest du die App, schaltest die Inhalte mit dem Code „Stress" frei und lädst die Inhalte für das Buch „Stur oder überfordert?" herunter.
4. Auf den Seiten mit dem Symbol 123 kannst du ein Video zum jeweiligen Thema ansehen. Dazu gibst du den dort genannten Zahlencode in die App ein oder suchst dir in der Medienliste den entsprechenden Inhalt.

Mehr Informationen findest du unter plus.kosmos.de.

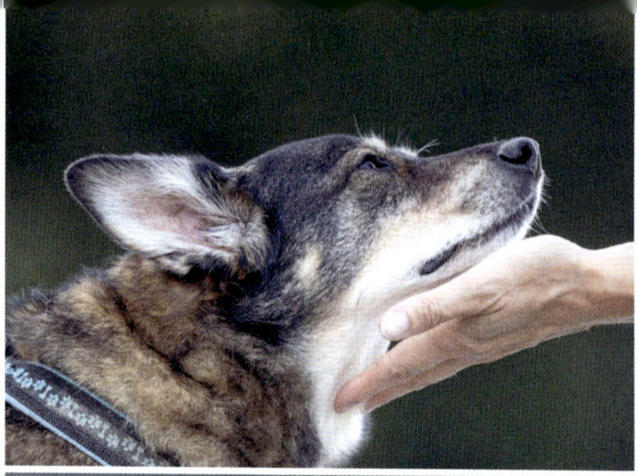

Die falsch verstandenen Hunde

Seit meiner Kindheit begleiten Hunde, die durch ihr sensibles Wesen auffallen, mein Leben. Hunde, die alles mit ihren feinen Sinnen aufsaugen, schnell denken und handeln.

Diese Hunde brauchen einen Menschen mit schneller Auffassungsgabe an ihrer Seite. Einen, der ein tiefes Verständnis für Normalverhalten von Hunden und ihre Körpersprache hat. Erst später, durch meinen beruflichen Werdegang, wurde mir klar, dass es diese Hunde in unserer Gesellschaft deutlich schwerer haben. Sie handeln eben nicht nur schneller, sondern oftmals anders, als unsere Gesellschaft es von einem „braven" Hund erwartet.

HUNDE DAMALS

Hatten wir mit diesen Hunden damals denn keine Probleme? Tatsächlich nicht in dem Ausmaß, wie du es dir vielleicht gerade vorstellst. Damals durfte ein Hund auch mal bellen, ohne dass sich sofort jemand darüber beschwerte. Es gab keinen Druck, dass sie mit spätestens zwölf Monaten zu funktionieren hatten und jede Situation bewerkstelligen sollten, egal welche Voraussetzungen sie mitbrachten. Die damaligen Hunde hatten viel mehr Zeit, um Dinge zu lernen. Und was nicht klappte, klappte eben noch nicht. War der Spaziergang im Park zu stressig, ging man in den Wald. Man nutzte eine Leine, ja sogar eine Flexi-Leine, bis der Hund ein sicheres Signal erlernt hatte. Keiner schämte sich für eine Flexi-Leine am Hund. Sie erfüllte ihren Sicherheitszweck und niemand machte einem deswegen ein schlechtes Gewissen.
Diese durchaus pragmatische Leichtigkeit fehlt mir heutzutage in vielen Bereichen. Die Suche nach einem gemeinsamen Nenner, einer Schnittmenge, die für alle tragbar ist, statt dem Versuch, erwünschten Normen zu entsprechen und dabei besser und schneller am Ziel zu sein als alle anderen. Natürlich gibt es mittlerweile deutlich mehr Hunde, es ist enger geworden. Genau deshalb wünsche ich mir, dass gegenseitige Rücksichtnahme alltäglicher wird. Mehr Rücksichtnahme, statt härtere Erziehung und immer mehr Grenzen, denn unsere Hunde sollten nicht ausbaden müssen, wofür sie nichts können.

Hunde sollten nicht ausbaden müssen, wofür sie nichts können – die menschliche Welt und deren Ansprüche.

Warum müssen Hunde denn alle Situationen bewerkstelligen, perfekt funktionieren und das bitte in einer vorgegebenen Zeit?
Wir sollten immer als Ziel haben, dass der Hund sicher, die Grenzen der Umwelt wahrend und mit Fokus auf sein Wohlbefinden statt bloßer Funktion, durch unsere menschliche Welt geführt werden kann. Positiv erlernte Signale helfen dabei, die größtmögliche Freiheit genießen zu können. Der Wunsch nach einem emotionslosen, immer funktionierenden „Roboter" sollte bitte nicht im Fokus stehen. Wichtig ist mir beim Erlernen von Signalen, den Weg zum Ziel in Gemeinsamkeit zu bewerkstelligen und dabei anzuerkennen, dass Training auch Grenzen hat.

WARUM IST MEIN HUND ANDERS?

Du hast dich vielleicht schon öfter gefragt, warum dein Hund so anders ist. Anders als jene, die man draußen wahrnimmt oder auf Social Media gezeigt bekommt.

Hast du einmal einen Blick auf die Vorfahren deines Hundes geworfen? Für was wurden diese Hunde vom Menschen gezüchtet? Dabei Merkmale verstärkt und gezielt hervorgebracht. Für Jobs, die sie als enger Begleiter des Menschen ausführen sollen. Dass unsere Sofakuschler ihre Jobs in der Mehrzahl nicht mehr ausführen, interessiert die Genetik nicht. Ein artgerechtes und vor allem bedürfnisgerechtes Leben in Einklang mit unserer „Schneller-weiter-besser-Mentalität" zu bringen, fällt zunehmend schwerer. Vor allem, wenn bei der Wahl des Hundes nicht ausreichend Aufklärung oder Weitsicht herrscht, wenn das Aussehen mehr zählt als die Anlagen, die von Generation zu Generation weitergegeben werden. Über all die Jahre und viele Hunde im Training später, kann ich sagen: Überforderung wird mit Sturheit verwechselt! So erfahren gerade die Hunde, die mehr Zeit und Verständnis bräuchten, immer mehr Druck. Sie werden als stur, dominant, manipulativ, hibbelig, ungehemmt tituliert.

Keines dieser Etiketten sollte ein Hund bekommen, aber gerade die sensiblen Hunde sind das genaue Gegenteil dieser Zuschreibungen.
Gerade sensible Hunde sind oft überfordert, brauchen kleinere Schritte, Erwartungssicherheit und empathische Begleitung. Sie brauchen das Gefühl „Du bist gut so wie du bist und kein Fehler auf vier Beinen!"

GRÜNDE FÜR DAS ZUSAMMENLEBEN

Meine Gedanken kreisen immer öfter um die wahren Gründe für die Wahl, sein Leben mit Hunden zu teilen. Ist es das Bedürfnis, einen armen Hund zu retten, die tiefe Verbundenheit und Liebe zu diesen außergewöhnlichen Geschöpfen, oder vielleicht doch ganz egoistische Gründe, die im Verborgenen mitschwingen? Die Frage ist sehr individuell und nur differenziert, vor allem aber persönlich zu beantworten. In einem bin ich mir aber sicher, uns Hundemenschen vereint eines: die Liebe zu Hunden und der Wunsch, ihnen nach bestem Wissen und Gewissen ein gutes Leben zu ermöglichen. Und dazu möchte ich mit diesem Buch beitragen. Mehr Wissen und Verständnis führen am Ende zu einem anderen Blick und damit zu verändertem Verhalten dem Hund gegenüber. Wenn meine Gedanken und praktischen Übungen euch dabei unterstützen, ein entspannteres Leben zu führen, euch dabei kleine Momente des gemeinsamen Glücks schenken, dann hätte sich alles erfüllt, was ich mir beim Schreiben gewünscht habe.
Vor allem möchte ich dich einladen, den Blick weg von blanker Funktion, hin zu Verständnis und Verbundenheit zu bringen. Wir gestalten ein ganzes Hundeleben, bestimmen fast alles, was den Tag des Hundes füllt und ausmacht. Wir haben im Schnitt zwölf gemeinsame Sommer ... Niemand wird später denken *„Wäre ich doch nur strenger zu meinem Hund gewesen!"*, sondern viel eher *„Warum war mir das so wichtig und warum habe ich es über sein Wohlergehen gestellt?"* Eure Beziehung zueinander sollte neben der mentalen Gesundheit deines Hundes über allem stehen.

Ich werde in diesem Buch Übungen sehr detailliert erklären und dabei den Nutzen von Markerwort oder Clicker voraussetzen. Nutzt du bisher weder das eine, noch das andere, überlies diese Worte und füge stattdessen gedanklich „Lobwort" ein. Ich würde dir aber aus vollem Herzen dazu raten, ein Markerwort aufzubauen. Literaturvorschläge findest du am Ende dieses Buches.

Zwölf gemeinsame Sommer haben wir im Schnitt. Das Hundeleben ist zu kurz, um den Fokus nur auf Funktion zu legen.

»Sich sicher zu fühlen,
ist das wichtigste Kriterium
für eine Beziehung.
Es ist nicht das Einzige,
was wir brauchen.
Aber alle anderen Dinge
sind unwichtig, wenn
wir uns nicht körperlich,
psychisch und emotional
geborgen fühlen.
Sicherheit ist die Grund-
lage für alle funktionieren-
den Beziehungen.«

Jillian Turecki

WIR MÜSSEN ÜBER STRESS REDEN

NICHT JEDER HUND ZEIGT STRESS SO DEUTLICH

Die Reaktion auf Stressoren kann sehr unterschiedlich ausfallen.
Manche Hunde werden laut und forsch, andere sehr leise und zurückgezogen.

Was bedeutet Stress?

Stress ist nicht per se schlecht – wie so oft macht die Dosis das Gift. Auch ist ausschlaggebend, ob Stress langanhaltend oder nur von kurzer Dauer ist.

Sucht man im Internet nach einer Definition von Stress, findet man z. B. folgende: *„(…) durch spezifische äußere Reize (Stressoren) hervorgerufene psychische und physische Reaktionen bei Lebewesen, die zur Bewältigung besonderer Anforderungen befähigen (…).“*
Es geht dabei um Situationen, in denen auf physischer oder psychischer Ebene Veränderungen stattfinden und der individuelle Normalzustand wiederhergestellt werden soll. Das kann durch eine Krankheit sein, die den Körper aus dem Gleichgewicht bringt, ebenso wie Stressoren im Umfeld, wenn die Sinneskanäle Gefahrenquellen ausmachen, eine herausfordernde Situation oder Bedrohung wahrnehmen und diese auch auf kognitiver Ebene als solche bewertet wird. Auch schon die Erwartung einer Gefahr kann Auslöser für eine Stressreaktion sein. Meine erste Hündin kam aus dem Tierschutz und hatte panische Angst vor Männern, auch vor ihr unbekannten Männern, mit denen sie keinerlei schlechte Erfahrung gemacht hatte. Hier wird also auf kognitiver Ebene eine Gefahr ausgemacht, obwohl in dem Moment selbst ihr körperliches Wohl nicht in Gefahr ist. Die Körpersprache meines Hundes hat deutlich gezeigt, dass sie sich in einer Stresssituation befindet, auch wenn ich diese Situationen persönlich ganz anders wahrgenommen habe. Der Blick sollte demnach auf den Hund gerichtet sein und nicht auf das eigene, vor allem menschliche Empfinden und Bewerten.

Die Körpersprache des Hundes zählt, nicht unser persönliches Empfinden der Situation.

AKTIVIERUNG DES STRESSSYSTEMS

Ist das Stresssystem aktiviert, wird über verschiedene Prozesse im Körper Energie bereitgestellt, um sich an die Anforderungen anzupassen, sie bewältigen zu können und später das innere Gleichgewicht wiederherzustellen. Der Körper passt sich so sekundenschnell an die unterschiedlichsten Situationen an. Der Grad der Aktivierung des Stresssystems ist individuell und hängt nicht nur von Schwere und Dauer des Stressors ab, sondern auch von Genetik, Lebensumständen und Lernerfahrungen. Ist das System aktiviert, werden die Sinne geschärft, alles im System wird auf Kampf oder Flucht eingestellt, die Muskulatur wird angespannt, das Herz-Kreislauf-System angeregt und Reaktionen können schneller ausfallen, in der Spitze vor allem unüberlegter. In diesen Momenten hat instinkthaftes Handeln, ohne viel Zeitverschwendung, Vorrang. Bewährte Strategien kommen zum Tragen, damit man nach Möglichkeit unbeschadet aus der Situation hervorgeht. Das Stresssystem leistet grandiose Arbeit, wenn es darum geht, Herausforderungen zu meistern, wir sollten Stress also nicht immer negativ bewerten. Es sind die Reaktionen unserer Hunde, die wir oder die Gesellschaft als unpassend einstufen, denn Stress ist der häufigste Auslöser für Verhaltensprobleme von Hunden. Hier muss der Blick weg von unerwünschtem Verhalten hin zum Wohlbefinden unserer Hunde gerichtet werden. Ein häufig gestresster Organismus ist mehr mit Anpassungsarbeit beschäftigt und zeigt auch alle Begleiterscheinungen davon. Steht das Wohlbefinden des Hundes im Fokus, erleidet er weniger Stress und zeigt weniger unerwünschtes Verhalten.

Hilflosigkeit oder Bewältigungsstrategien

Das Gefühl der Hilflosigkeit kommt beim Menschen in spezifischen Situationen auf, wenn er keine passenden Handlungsstrategien mit seinem Hund erlernt hat, und der Hund aus Menschensicht unangebracht auf Stressoren reagiert. Genau hier liegt auch für deinen Hund der Unterschied, ob eine Situation „nur" kurzfristig stressend, vielleicht herausfordernd war, oder aber überfordernd und zur Belastung wurde, weil ihm passende Bewältigungsstrategien fehlten. Es gibt herausfordernde Situationen, aus denen man gestärkt herausgeht, oder solche, aus denen eine traumatische Erfahrung werden kann und der Raum dazwischen ist voll individueller Abstufungen. Stress kann das Erinnern sogar verbessern, wenn er kurzzeitig und in einem für das Individuum passenden Maß ist. Aber zu viel oder zu lange anhaltender Stress verschlechtert die Gedächtnisleistung. Allgemein gibt es ein interessantes Wechselspiel beim Gedächtnis: **Wir erinnern uns oft besonders gut an stressige, einschneidende Ereignisse, aber wenn wir länger oder zu stark gestresst und überlastet sind, vergessen wir sogar einfachste Dinge.** Und ob die Erinnerung positiv oder negativ gefärbt ist, ist wieder eine individuelle Sache.

Stress ist also nicht gleich Stress, jedes Individuum bewertet und empfindet Situationen unterschiedlich und hat andere Voraussetzungen. Und diese Individualität macht es schwer, im richtigen Maß zu fordern, aber auf keinen Fall Überforderung zu provozieren. Nur weil bestimmte Situationen bei einem anderen Hund keine Stressreaktion auslöst, sagt das noch lange nichts über das Empfinden deines Hundes zu genau diesem Zeitpunkt aus. Du solltest dich also nicht verunsichern lassen, wenn dein Gefühl dir sagt: Diese Situation war für meinen Hund stressend. Gerade wenn man die Körpersprache des eigenen Hundes lesen gelernt hat, „spricht" er eine deutliche Sprache. Dies sollte Ziel aller Hundemenschen sein: den eigenen Hund lesen zu können.

1

2

1. Hat etwas an der Nase gekitzelt, oder ist es ein Signal für ansteigenden Stress?

2. Müdigkeit oder doch Überforderung?

Die Situation und Kenntnisse über den Hund geben Aufschluss.

Bewertung von Situationen

Natürlich sollten wir darauf achten, dass Begrifflichkeiten im alltäglichen Sprachgebrauch an passender Stelle genutzt werden, um kein falsches Bild zu zeichnen. Ein bellender Hund hat nicht zwangsläufig Angst. Ein Schreckmoment, weil etwas im Nebenzimmer umfällt, hat meist keine Langzeitauswirkungen. Eine sichere Bindung wird nicht durch den einen Ausnahmemoment von schlechter Stimmung mit Gemeckere zerstört. Aber all das kann nur individuell und situationsbezogen bewertet werden.

Hinzu kommt, dass die Bewertung von Situation zu Situation variieren kann. So wie auch wir Menschen, haben Hunde gute und schlechte Tage, leiden unter Unwohlsein durch Krankheiten, schlafen schlecht oder sind vom Vortag geschlaucht. Für Menschen kann das schwierig einzuordnen sein, warum der eine Tag so ausgeglichen und ruhig war und der nächste das genaue Gegenteil. Ja, sogar ein und derselbe Reiz kann innerhalb eines Tages völlig andere Reaktionen hervorrufen. Wir müssen uns klarmachen, dass unsere Interpretationen eben genau das sind, wir interpretieren das Verhalten, also die Körperoberfläche unserer Hunde mit einem menschlichen Blick. Ein direktes Gespräch ohne Sprachbarriere können wir nicht führen, wir interpretieren das, was wir von außen wahrnehmen, ohne gesicherte Informationen über das Innere zu haben. Und beim Blick auf die Körperoberfläche unserer Hunde nehmen wir nur das wahr, was uns etwas sagt. Die vielen kleinen Körpersignale, die uns am Ende eben Aufschluss über das Befinden des Hundes geben könnten, bemerken wir oftmals gar nicht.

1

2

1. Die erste Reaktion auf einen Reiz kann unüberlegt sein. Denn unter Stress wird nicht viel nachgedacht.
2. Passende Strategien helfen dabei, erst zu überlegen und dann zu handeln.

Handeln, ohne zu überlegen

Vielleicht kennst du rückblickend das Gefühl „neben sich gestanden zu haben" oder „nicht man selbst gewesen zu sein". Das waren sehr wahrscheinlich Stresssituationen, in denen du instinktiv gehandelt hast, ohne vorher viel zu überlegen und vor allem aus Sicht des Körpers: ohne Zeitverschwendung. Es sind genau diese Situationen, in denen wir nach Reflektieren der Situation bemerken, nicht so empathisch gehandelt zu haben, wie es eigentlich zu unserem Wertekompass passen würde. Wir waren selbst in einer Notlage, zumindest hat unser System das so bewertet und entsprechende Prozesse angestoßen, die überlegtes Handeln schwerer machen. Dabei sind wir Menschen sogar durchaus in der Lage, zwischen Reiz und Reaktion mit ein wenig Übung eine Lücke entstehen zu lassen, die Nachdenken ermöglicht und zu überlegterem Handeln führt. Hunden fällt das schon deutlich schwerer, sie haben neben all den Parallelen zum menschlichen Gehirn, bei Frustrationstoleranz und Impulskontrolle nicht unsere Möglichkeiten. Hier sollten wir sie durch entsprechendes Training und Strategien wohlwollend unterstützen. Auch dabei, Verhalten erlernen zu können, das in der menschlichen Welt passend und erwünscht ist.

Fördern, nicht überfordern

Dir ist jetzt wahrscheinlich verständlicher, dass Signale, die du mit deinem Hund in den ruhigen vier Wänden geübt hast, nicht einfach in eine stressende Situation übertragen werden können. Vielleicht fällt es dir nun etwas leichter, das Stressverhalten deines Hundes mit einem anderen Blick zu betrachten, denn auch wir Menschen zeigen doch hin und wieder unpassende Stressreaktionen und gerade bezüglich unerwünschter Verhaltensweisen durchaus auch fehlende Impulskontrolle. Ich sehe unsere Aufgabe darin, mit dem Hund gemeinsam passende Strategien zur Bewältigung von Stress zu erarbeiten, ihn dabei zu unterstützen, so stressarm wie möglich durch den menschlichen Alltag zu kommen. Dabei sollte Fördern nicht mit Überfordern verwechselt werden.

Folgen von Stress

Schon im Mutterleib werden Weichen für das Stressmanagement gestellt und der Organismus auf die individuelle Umwelt vorbereitet. Diese Anpassung erhöht die Chance, zu überleben.

Kämpft die Mutter ums Überleben, wird das Nervensystem des Welpen auf eben solch eine herausfordernde Umwelt bestmöglich vorbereitet. Schließlich geht es darum, nach Möglichkeit lange zu überleben. Lebt der Welpe mit eben diesem Nervensystem, was immer und überall auf das Schlimmste gefasst ist, später aber in einem Wohnzimmer ohne Gefahren, wird das Nervensystem sich nicht einfach durch den Umweltwechsel verändern. Es liegt auf der Hand, dass Reaktionen auf Stressoren und das Verarbeiten dieser auch eine Sache der Persönlichkeit ist und Training Grenzen hat. Auch wie häufig, langanhaltend oder stark das Stresssystem gefordert ist, hat individuelle Auswirkungen.

CHRONISCHER STRESS

Ist das Stresssystem immer wieder oder dauerhaft gefordert, kommt es zu keiner oder einer verspäteten Anpassung und dadurch zum Abflachen von Stresshormonen, was Auswirkungen auf den gesamten Organismus hat. Bei jedem weiteren Stressreiz, der auf das schon geforderte System einwirkt, kommt es zu einer Summation, noch bevor der individuelle Normalzustand wieder hergestellt werden konnte. Chronischer Stress schwächt das Immunsystem und kann Entzündungen begünstigen. Der Körper befindet sich in Alarmbereitschaft, die Umwelt wird in ein negatives Licht gefärbt und befeuert somit einen negativen Kreislauf. Chronisch gestresste Hunde verlieren z. B. die Freude am Leben, zeigen depressionsähnliche Verhaltensweisen, Angst und aggressives Verhalten treten wahrscheinlicher auf.

Ein kleiner Stressmoment kann leichter bewältigt werden, als die Summation vieler.

Ebenso wird Lernen und Training erschwert, da das Gefühl von (Vor-) Freude und die Bedeutung von Belohnungen fehlen. Nicht nur Freude am Leben und damit Wohlbefinden fehlen, die Reaktionen auf Reize werden immer stärker, unerwünschte und auch exzessive Verhaltensweisen deshalb wahrscheinlicher. Selbst wenn der Stressor längst Vergangenheit ist, bleiben die entsprechenden Stresssysteme im Körper aktiv und können so sogar die Hirnstruktur verändern, was zu einem Kreislauf aus Angst und Angstreaktionen führt.
Wir sollten unseren Blick also auf die Gesamtheit der Dinge lenken, die das Stresssystem unserer Hunde fordern. Insbesondere Situationen, die zu Anspannung und hohen Erregungslagen führen und so Momente begünstigen, in denen Hunde unüberlegt handeln.

Treten stressende Ereignisse innerhalb kurzer Zeit gehäuft auf, haben sie andere Auswirkungen, als ein Ereignis allein.

SUMMATIONSEFFEKT

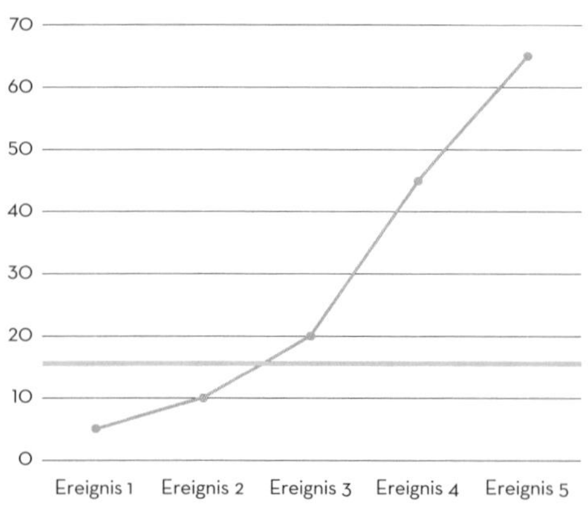

Durchschnittliches Stresslevel, welches noch bewerkstelligt und reguliert werden kann.

Summationseffekt

Um den Summationseffekt zu verbildlichen, stelle dir eine Art Regenfass vor, wir nennen es das Stressfass deines Hundes. Darin landen Stresstropfen, die sich nach und nach summieren. Das kann wie folgt aussehen: Einem Hund ist heiß, er kann der Hitze nicht einfach entkommen – Stresstropfen fallen in sein Stressfass. Er hat Durst, aber der Bach, den er gerade riecht, liegt etwas entfernt und da er an der Leine ist, kann er nicht einfach losrennen, um seinen Durst zu löschen, das erzeugt Frust. Frust bringt das Stresssystem in Gang, was enorm schlau ist, denn so wird zusätzliche Energie bereitgestellt. Energie, die dazu führen soll, das Ziel doch noch zu erreichen. Es landen wieder Stresstropfen im Fass. Der Hund erfährt fürs Ziehen an der Leine negative Reaktionen des Menschen, er soll langsamer laufen, auf den Menschen achten – es landen weitere Stresstropfen im Fass. Auf dem Weg Richtung Bach gelangt der Hund an eine Wildspur, weshalb er ins Ende der Leine rennt, der Ruck schmerzt – wieder landen Stresstropfen im Fass. Der Wildspur kann er auch nicht hinterherlaufen, darüber wird er erneut frustriert – Stresstropfen fallen ins Fass. Am Ende ist das Fass bis zum Rand gefüllt. Endlich am Bach angekommen, kommt plötzlich ein fremder Hund angerannt. Durch den Schreckmoment landen Stresstropfen im Fass, die es endgültig zum Überlaufen bringen. Der Hund reagiert abwehrend, statt neutral oder freundlich. Er hat keine Ressourcen mehr übrig, um den fremden Hund zu ignorieren.

Bleiben eine Vielzahl von Bedürfnissen unbefriedigt, fallen Kooperation und Zurückhaltung schwer.

Unterstützung durch Lösungsstrategien

Bleiben wir gedanklich beim Stressfass, wird deutlich, dass eine Aufteilung in positiven und negativen Stress, wie es häufig gemacht wird, für dich und das Verständnis über Hundeverhalten nicht wirklich hilfreich sein kann. Die durch das Stresssystem angestoßenen Prozesse im Körper, ebenso die zur Verfügung gestellte Energie und die aktuelle Erregungslage, haben zwangsläufig Auswirkungen auf das Wohlbefinden und Verhalten des Hundes und damit auf euren Alltag. Es hat auch Auswirkungen auf das Lernverhalten und damit auf ähnliche Situationen in der Zukunft. Hinzu kommt, dass eine Interpretation von der Körperoberfläche ausgehend nicht zwangsläufig zeigt, welcher Sturm vielleicht schon im Inneren tobt.

Wir sollten unsere Hunde unterstützen und das Training gezielt darauf ausrichten, gemeinsam passende Lösungsstrategien für verschiedene Situationen zu erarbeiten, sodass dein Hund aus einer von Emotionen getriebenen Schnellreaktion zurück zu denkendem Handeln findet und durch passende Bewältigungsstrategien sein mentales Wohlbefinden gesteigert wird.

Sei in einer herausfordernden Welt ein wohlwollender Unterstützer für deinen Hund.

Auf Bedürfnisse achten

Wir können im Alltag nicht jeden Stress und die kleinste Veränderung der Erregungslage vermeiden. Stress, mit allen zugehörigen Hormonen, gehört zum Leben dazu. Ohne Stresshormone würde das Leben nicht funktionieren. Wie so oft, macht die Dosis das Gift. Weil Stress, vor allem chronischer, solche weitreichenden Auswirkungen auf die Gesundheit, das Wohlbefinden und auch das gemeinsame Zusammenleben hat, sollte der engste Sozialpartner nicht zusätzlich Auslöser von Stress für seinen Hund sein. Der menschliche Alltag und das Leben in Abhängigkeit fordern unsere Hunde dahingehend mehr als genug. Deinen Hund zu unterstützen, trägt maßgeblich zu seinem Wohlbefinden bei. Achte auf die Bedürfnisse deines Hundes und nutze Trainingsmethoden, die auf Wertschätzung und positiver Verstärkung basieren, da sie weniger stressbedingte Verhaltensweisen hervorbringen.

»Training sollte immer das Ziel haben, das Wohlbefinden des Hundes zu steigern und das gemeinsame Leben so zu entlasten, dass alle Parteien sich miteinander wohlfühlen können.«

ANFORDERUNGEN AN DEN HUND

Die Anforderungen an unsere Hunde haben sich über die letzten Jahre enorm gewandelt. Es ist nicht nur voller und enger geworden, weil viel mehr Hunde sich den zur Verfügung stehenden Raum teilen müssen, sondern auch spezielle Zuchtziele wurden teilweise Richtung Aussehen und weg von gezielten Wesenszügen wie Nervenstärke und Frustrationstoleranz gesetzt. Zusätzlich leben immer mehr gerettete Hunde mit gefülltem Erfahrungsrucksack und entsprechendem Nervensystem in überfüllten Städten.
Die falschen Erwartungen erdrücken zunehmend nicht nur die Hunde, sondern auch die Menschen selbst, die spüren, dass ihr Hund dem Normziel eines braven Hundes nicht entsprechen kann. Hier müssen wir uns die Brille putzen und mit wohlwollendem Blick unseren eigenen Hund und unser Handeln ihm gegenüber betrachten.
Jeder Hund hat eine ganz individuelle Persönlichkeit! Wir sollten Trainingstechniken und Macht nicht missbrauchen, um Persönlichkeiten so zu verändern, dass sie in eigentlich völlig unpassende Lebensvorstellungen gepresst werden.

Woher kommen die Erwartungen?

Es liegt in der Verantwortung des Menschen, sich zu hinterfragen, woher festgefahrene Erwartungen an Hundeverhalten kommen. Auch Scham kann hierbei eine Rolle spielen, ob der Hund völlig unpassende Erwartungen zu erfüllen hat, egal wie es ihm mental dabei ergeht. Hier ist wichtig, sich immer wieder klarzumachen, dass es sich bei unseren Hunden um hochsoziale Lebewesen handelt, die nicht mit gepacktem Koffer vor unserer Tür standen, mit der Bitte, in diesem Machtgefälle leben zu können und dabei das meiste ihrer Selbstwirksamkeit und Entscheidungsfreiheit vor der Tür lassen wollten. Wir stehen in der Bringschuld und müssen Ausgleich dafür schaffen, was das Leben in der menschlichen Welt für den Hund bedeutet. Deshalb sollten wir auch unser Verhalten dem Hund gegenüber unter die Lupe nehmen.
Das Gefühl, nie etwas richtig zu machen, nervig zu sein, ja vielleicht sogar Angst vor den eigenen Menschen haben zu müssen, erzeugt Stress und hat z. B. Auswirkungen auf das Lern- und Schlafverhalten, die Konzentrationsfähigkeit, die Motivation und auch Reaktionen auf äußere Reize. Ein Hund, der ständig in seine Umwelt abtaucht, kann natürlich einfach von den Reizen positiv in den Bann gezogen sein. Es kann sich aber auch um selbstbelohnendes Übersprungsverhalten handeln, das gerade bei chronischem Stress exzessiv gezeigt werden kann. Ziehen sich negative Umgangsformen durch den gesamten Alltag, sind wir mitten im Teufelskreis aus langanhaltendem Stress durch Summation und den entsprechenden Auswirkungen auf Gesundheit und den gemeinsamen Alltag. Bekommt der Hund hingegen Signale über positive Verstärkung beigebracht, wird das Signal selbst dazu führen, dass sich dein Hund besser fühlt. Genau deshalb werden wir im Laufe dieses Buches eure Werkzeugkiste an positiv trainierten Signalen füllen, die euch in schwierigen Situationen unterstützen werden.

Der hyperaktive Hund

Immer öfter werden Hunde in der heutigen Zeit als hyperaktiv bezeichnet, sie bekommen Etiketten wie Hibbelhund oder Klassenclown. Negativ konnotierte Bezeichnungen versperren den Blick auf den Grund für Verhalten.

Meist handelt es sich dabei um einen Ausdruck der Unzufriedenheit dem Hund gegenüber, da er nicht den Erwartungen entspricht. Viel seltener um eine tatsächliche Diagnose, die durch weitreichende Untersuchungen gestellt wurde. Negativ belegte Etiketten und Persönlichkeitsmerkmale zeigen meist die Überforderung der Menschen, wenn sie sich Reaktionen des Hundes nicht erklären können und der Hund grundsätzlich anders oder heftiger reagiert, als erwartet.

ADHS UND ANDERE URSACHEN

Tatsächlich sprechen erste Studien dafür, dass auch Hunde ADHS (Aufmerksamkeitsdefizit-/Hyperaktivitätsstörung) -ähnliches Verhalten zeigen können. Es wäre nur allzu logisch, dass auch das Hundegehirn ähnlich neurodivergent sein kann, wie das von Menschen. Es gibt Fragebögen zur Bewertung von Unaufmerksamkeit, Hyperaktivität und Impulsivität bei Hunden und eine Untersuchung, die zeigt, dass auch Hunde mit ADHS-ähnlichem Verhalten niedrige Konzentrationen von Serotonin und Dopamin aufweisen, wie wir Menschen. Auch ein Zusammenhang von Aggression, Hyperaktivität und Impulsivität konnte festgestellt werden. Es gibt Versuche der medikamentösen Unterstützung mit Humanpräparaten, die Erfolge aufzeigen konnten. Für mich stellt sich die Frage, inwieweit unsere Hunde an gesellschaftliche Normen angepasst werden sollten und wer diese Erfolge bestimmt? Hunde müssen keine achtstündigen Arbeitstage vorweisen, um als produktiv zu gelten. Sie müssen sich ihren Lebensunterhalt nicht erarbeiten und können durch angepasste Erwartungen, Unterstützung und angepasstem Training Lebensqualität gewinnen. Viel häufiger zeigen als hyperaktiv wahrgenommene Hunde Verhaltensweisen, die durch Ängste, Schmerzen, Unter-/Überbeschäftigung oder einen konfliktreichen Alltag erklärbar sind. Diese Auslöser lassen sich durch Training verändern, minimieren oder durch Management umgehen, was zu verändertem Verhalten führt.

Das Leben in der Gruppe bringt auch vermehrt Konflikte mit sich, etwa um Ressourcen.

Wann entsteht Hyperaktivität?

Verhalten, das als hyperaktiv bezeichnet wird, entsteht meist punktuell. Beispiel dafür sind Situationen, die frustrierend und konfliktreich sind, oder voller Erwartungsunsicherheit stecken. Wenn der Mensch keine deutlichen Signale sendet, der Hund also nicht weiß, was als Nächstes passiert, steigt die Erregungslage. Frustrierende Situationen und zahlreiche Konflikte summieren sich meist zu Zeitpunkten, in denen das Nervensystems des Hundes im Wandel steckt. Unerwünschtes Verhalten tritt also häufiger auf, weshalb leider viel zu oft das Training und die Umgangsformen verändert werden. Die Hunde erfahren mehr Druck und Strenge. Stress, Ängste und Unsicherheiten werden als Sturheit oder gar Dominanz fehlinterpretiert. Die aufkeimenden Sexualhormone erzeugen in dieser sensiblen Phase zusätzlichen Frust und Konfliktpotenzial, das Stresssystem ist schon in Aktivität, ehe überhaupt ein Schritt in die Umwelt gemacht wurde. Auch die Mehrhundehaltung fordert einiges von Hunden und kann so zu Verhalten beitragen, das als hyperaktiv wahrgenommen wird. Wenn alltägliche Spannungen zwischen den Hunden stehen, oder viel Konkurrenz, Frust und Konflikte den Alltag bestimmen, ist das Stresssystem enorm gefordert.

Es kursieren auch Mythen, wie z. B. „positive Zuwendung der Bezugsperson verstärkt Ängste beim Hund“. Dabei ist genau das Gegenteil der Fall, denn Social Support, also die empathische Unterstützung von engen Sozialpartnern, ist ein völlig natürliches Verhalten. Das Stresssystem ist nicht willentlich beeinflussbar, zudem wäre es bedenklich, würde der Hund Angst vortäuschen, um mehr Zuwendung zu erhalten. Gerade bei fehlenden Strategien für die Selbstregulation, ist die Ko-Regulation über den engen Sozialpartner lebenswichtig. Ko-Regulation bietet ein Fundament, auf das man später Selbstregulation aufbauen kann.

Impulsives Verhalten

Impulsives Verhalten ist vor allem schnell und sehr emotionsgeladen. Die erste Reaktion auf einen Reiz kann nicht unterdrückt werden, auch dann nicht, wenn es negative Konsequenzen nach sich zieht.

Mein Tipp

Bleib im Team deines Hundes und gerate nicht in eine Spirale der Macht. Nutze die Impulsivität für dich und etabliere selbstbelohnende Signale.

Das Bild, welches ich gerade vor meinem inneren Auge habe, ist ein Jack Russell Terrier, der in einen Igel beißt, sich dabei stark verletzt und es bei nächster Gelegenheit dennoch wieder tut. Wer impulsiv handelt, ist risikobereit und, bis das impulsive Verhalten gestartet ist, leichter ablenkbar. Es reicht die Vorahnung auf einen entsprechenden Reiz, um schnelle und emotionsgeladene Reaktionen auszulösen. Hunde, die als impulsiv gelten, verändern ihr Verhalten nicht aufgrund negativer Konsequenzen. Außerdem fehlt ihnen oftmals die Ausdauer für schwere, also frustrierende Aufgaben. Das Stoppen von impulsivem Verhalten ist kein leichtes Unterfangen. Es macht aus Hundesicht nicht nur keinen Sinn, es fühlt sich schlicht nicht gut an.

Wir müssen uns wieder der Frage stellen, welche Gene sprechen denn zu meinem Hund? Worauf wurden er bzw. seine Vorfahren selektiert? Jagd- oder Hütehunde z. B. sollen sehr schnell reagieren, ihre Aufgaben mit großer Ausdauer erledigen und sich von Herausforderungen auf dem Weg nicht aufhalten lassen. Und hier trifft es erneut die Hunde, die für gezielte Aufgaben gezüchtet wurden, am häufigsten, den Stempel der Sturheit aufgedrückt zu bekommen. Sie lassen sich nicht durch einen Tritt von Rind, Schaf oder Wild stoppen, sonst würden sie aus der Zucht und der Arbeit genommen werden. Die Antwort sollte nicht sein, diese Hunde mit „härterer Hand" zu erziehen, weil sie nicht so leicht auf Strafe reagieren, sondern mit ihnen gemeinsam als Team zu arbeiten. Vor allem vor dem Hintergrund, dass Stress und mentales Unwohlsein Benzin ins Feuer von impulsiven Verhaltensweisen gießen.

IMPULSIVITÄT IST DURCHAUS ERWÜNSCHT

Wir messen mit zweierlei Maß, wenn es um impulsives Verhalten geht: Rufen wir den Hund mit dem Rückrufsignal zu uns, soll er ohne zu überlegen, also impulsiv darauf reagieren. Auf die „Rufe" der Umwelt hingegen soll er gleichzeitig keinesfalls impulsiv reagieren. Hunde, die Impulsivität mitbringen, haben sie im Gepäck, nicht nur bei Reizen, die uns Menschen passend erscheinen. Die meisten Menschen finden einen schnell motivierbaren Hund, der für jeden Spaß

1. Im Alltag unterstützen positiv aufgebaute Signale, die auch in hoher Erregungslage ausgeführt werden können.

2. Verhalten hat immer Gründe, da die Bewertung von Reizen eine rein persönliche ist.

zu haben ist und Signale sehr schnell umsetzt, doch positiv, weshalb es keinen Sinn macht, die Zuschreibung „impulsiver Hund" negativ zu verwenden. Die gute Nachricht ist, positiv aufgebaute Signale, die Bedürfnisse erfüllen und kleinschrittig bis in hohe Erregungslagen trainiert werden, können in diesen Situationen Unterstützung sein. Denn auch dafür sind diese Hunde sehr motiviert zu haben.

Auch wenn von „reaktiven" Hunden gesprochen wird, handelt es sich um eine negative Zuschreibung, die die Reaktionen auf stressende Reize beschreibt. Fast so, als ob jemand sagen würde: *„Musst du jetzt schon wieder Drama machen?!"*

Die Bewertung von Auslösereizen wird vom Hund nicht aus Langeweile gemacht, er empfindet in dem Moment Drama, er spielt es nicht. Die Hormonkaskaden in seinem Körper sind nicht von ihm willentlich ausgelöst worden, was wir an der Oberfläche sehen, ist nur das Resultat daraus. Hunde, die als reaktiv gelten, reagieren auf kleinste Reize, ziehen vor Überforderung und Aufregung oft an der Leine, bellen vielleicht schneller als andere Hunde, knabbern, kauen und schnappen vermehrt und das Warten fällt ihnen schwerer.

1

2

1

SENKUNG DER ERREGUNGSLAGE

Mein Problem mit Zuschreibungen solcher Art ist, dass oftmals zu wenig nach den Gründen Ausschau gehalten wird. Vor allem die Trainingsgeschichte, erlernte Erregung, zu häufiger Stress im Alltag, deutlich zu hohe Erwartungen des Menschen und auch die Genetik sollten mehr betrachtet werden. Lässt man die Zuschreibungen weg und richtet den Blick auf situatives Verhalten und die Gründe dafür, sehen wir Ansatzpunkte, um dem Hund zu helfen.

Wir erkennen wahrscheinlich Überforderung, Stress und Frustration, mit zu wenigen Handlungsstrategien zur Bewältigung. Wenn mir klar ist, dass hohe Erregungslagen z. B. die Kieferspannung erhöhen, der Hund also vermehrt die Zähne einsetzt, auf Dingen herumkaut, oder Futterbrocken nicht mehr zart aus der Hand nehmen kann, erscheint es unsinnig, dieses Verhalten zu unterbinden oder gar zu maßregeln. Das führt nur zu noch mehr Stress und Erregung, anstatt Strategien zu erlernen, die Erregungslage zu senken (S. 68 ff.). Die Reaktionen auf Reize können mit dem Hund situativ trainiert werden, mit passenden Handlungsstrategien werden die Reize in der Folge auch anders bewertet. Wir setzen also am Training an und nicht daran, die Persönlichkeiten von Hunden zu verändern, oder durch negativ genutzte Zuschreibungen das Maßregeln von Hunden zu rechtfertigen.

IMPULSKONTROLLE

Wie gerne würde ich diesen Absatz jetzt damit beginnen, dir eine magische Übung präsentieren zu können, um deinem Hund Impulskontrolle beizubringen. Doch gerade wenn wir über Stress sprechen, müssen wir verstehen, was Impulskontrolle eigentlich ist. Du ahnst es schon: Es gibt keine Übung, z. B. vor dem gefüllten Futternapf sitzen zu müssen, die dazu führen könnte, dass

2

1. Impulskontrolle ist auch von der Erregungslage abhängig.

2. Durch hohe Erregung kann ein Futterbrocken womöglich nicht mehr sanft genommen werden.

dein Hund draußen die Nachbarskatze ignoriert oder sich grundsätzlich besser auch mal „zusammenreißen“ kann.
Das Konzept der Impulskontrolle bedeutet für viele Menschen, dass der Hund sich so verhält, wie sie es sich wünschen: warten – sitzen bleiben – nicht an Essbares gehen – nicht der Katze hinterherjagen. Es ist aber weitaus mehr, als „sich mal zusammenzureißen“. Hast du schon einmal versucht, einen kratzigen Pullover einfach zu ignorieren, statt auszuziehen? Ich wette, du hattest beim einfachen Ignorieren nicht gerade gute Laune und nebenbei noch viel Impulskontrolle für anderes. Eine Übung, die auf die Schnelle dazu führt, dass der Hund auf Reize nicht mehr reagiert, sich „einfach“ zurückhält, hat die Funktion des Hundes im Fokus. Dabei lernt der Hund meist der unangenehmen Konsequenz aus dem Weg zu gehen. Das hat aber nichts mit einer veränderten Impulskontrolle einem Reiz gegenüber zu tun.

Versuche zur Impulskontrolle

Impulskontrolle lässt sich nicht auf einfache Weise erklären oder untersuchen. Studien und Versuche sind sehr schwer auf das reale Leben in seiner Gesamtheit zu übertragen und werden in alle Richtungen interpretiert. Zur Erklärung, und vor allem der praxisnahen Umsetzung, braucht es viel mehr als einen Hund, der einem Futterbrocken widerstehen kann.

Versuche zur Selbstkontrolle zeigen, dass Anreize, Motivation, Hirnreifung und andere Fähigkeiten, ebenso wie die Lerngeschichte eine Rolle spielen.

Ich kann in einem Versuch nicht davon ausgehen, dass alle das gleiche Maß an Verlangen an dem zur Verfügung gestellten Objekt haben und ein gleiches Maß an Wohlbefinden und mentalen Ressourcen zum Versuch mitbringen. Dein Hund frisst vielleicht ein spezielles Trockenfutter nicht, bei dem andere Hunde aber völlig aus dem Häuschen sind. Wir müssen also das Thema Frust mit einbeziehen. Der eine wartet ganz entspannt, der andere muss sich sehr anstrengen und gerät sogar in Frust. Das Stresssystem wird aktiviert und durch die Verknüpfung mit dem Reiz die zukünftige Impulskontrollfähigkeit sogar minimiert. Ebenso entscheidet das situative Erregungslevel darüber, ob schneller auf bewährte Verhaltensweisen zurückgegriffen oder überlegter gehandelt wird. Dass Selbstregulation trainierbar und damit Erregung veränderbar ist, wirst du in diesem Buch lernen, und dennoch hat all das Grenzen und ist zusätzlich tagesabhängig. Wir können also nicht vereinfacht sagen: Impulskontrolle ist für jeden Hund an jedem Reiz trainierbar und kann deshalb auch im gleichen Maß verlangt werden. Das verschiebt den Blick auf blanke Funktion, statt Individualität. Für einen detaillierteren Blick auf Versuchsergebnisse müssten wir auch zurück in die Aufzuchtgeschichte gehen und die Lernerfahrungen in Zusammenhang mit Ressourcen bewerten. Auch innerhalb eines Wurfes gibt es unterschiedliche Empfindungen und Lernerfahrungen, die berücksichtig werden müssen.

Mein Tipp

Die Kombination aus Training, vorausschauendem Handeln und Management erleichtern den Alltag und den Umgang mit impulsivem Verhalten.

Training hat Grenzen

Ich habe vorher über impulsive Hunde gesagt, dass sie in ihrem impulsiven Verhalten schwer zu stoppen sind. Übersetzt bedeutet es, dass diese Hunde in den Momenten allem anderen gegenüber Impulskontrolle zeigen. Vielschichtige Dinge einfach und eindimensional erklären zu wollen, führt nicht zu besserem Verständnis und Umgang. Impulskontrolle ist eine Funktion des Hirns, ein Teil davon sogar angeboren. Auch hier gilt: Training hat Grenzen. Natürlich fällt es leichter, mit einem Hund, der nicht sofort bei allerhand Reizen aus dem Häuschen ist, Impulskontrolle, also erwünschtes Verhalten, in verschiedenen Situationen zu trainieren. Bei einem Hund mit vielen Ängsten, stark ausgeprägtem Neugierverhalten, Jagd- oder Hütegenetik müssen ganz andere, vor allem passende Trainingsziele formuliert werden. Bedenke hierbei bitte: **Nur weil ein Hund kein Verhalten mehr zeigt, bedeutet das nicht, dass er sich in der Situation wohlfühlt.** Genau das sollte aber unser Ziel sein, um nicht Auslöser für Stress und damit eben unter anderem auch impulsivem Verhalten zu sein. Lebt dein Hund zu Hause friedlich mit einer Katze zusammen, bedeutet das noch lange nicht, dass er diese Katze auf freiem Feld nicht hetzen würde, geschweige denn alle anderen Katzen links liegen ließe.
Impulskontrolle wird situativ erlernt und genau hier können wir mit dem Training ansetzen: Szenarien, Reize und Örtlichkeiten mit erwünschtem, vor allem leistbarem Verhalten verknüpfen und durch entsprechende Verstärker zu Verhalten werden lassen, welches dem Hund leichtfällt. Ebenso ist es wichtig, dafür zu sorgen, dass der Hund unerwünschtes und selbstbelohnendes Verhalten nicht weiter zeigen kann, eine Schleppleine z. B. in der Nähe von Auslösereizen unterstützt dabei. Auch die ehrliche Frage *„Was kann mein Hund zum jetzigen Zeitpunkt überhaupt leisten?“* hilft bei der besseren Einschätzung und vorausschauendem Handeln.

Gesamtheit der Lebensrealität

Verhalten und Reaktionen auf Reize sind tagesabhängig, das kennen wir Menschen wahrscheinlich recht gut von uns selbst. Und das, obwohl die menschliche Hirnleistung, Impulskontrolle zu zeigen, auf weitaus besseren Beinen steht. Die Reaktionen von

1

Menschen auf impulsives und unerwünschtes Hundeverhalten lässt einen daran jedoch hin und wieder zweifeln. Möchten wir die Impulskontrolle unserer Hunde angehen, müssen wir die Gesamtheit seiner Lebensrealität betrachten: Krankheit, Schlaf, Tagesform, Frustrationslast, den Füllungszustand des Stressfasses und die Gegengewichte durch z. B. Bedürfniserfüllung, Auslastung und mentalem Befinden. Zusätzlich frustarmes und sehr kleinschrittiges Training in den gewünschten Situationen bzw. schon bei den Vorboten von Reizen. Auch wenn das Bild vom Wasserglas, aus dem Wasser in Form von Impulskontrolle entnommen wird, stark vereinfacht ist, hilft es Hundemenschen dabei, das Verhalten ihres Hundes besser verstehen zu können. Verhalten nicht zu zeigen, ist anstrengend, nur gucken, statt zu hetzen, kostet Kraft, und zwar mentale. Die erste rennende Katze konnte noch beobachtet werden, bei der zweiten war das Hetzen gerade noch so zu unterbrechen, bei der dritten gab es kein Halten mehr. Wer einen mental sehr herausfordernden Beruf hat, wird mir zustimmen, dass die ersten Arbeitsstunden sich anders anfühlen, als die letzte. Auch wenn es darum geht, kurzfristig Verbesserung der Impulskontrollfähigkeit herbeizuführen, sind sich Menschen- und Hundegehirn ähnlich: Kohlenhydrate in Form von Glukose sind das, was das Gehirn braucht, ebenso wie selbstbelohnende Bedürfniserfüllung unterstützend wirkt. Langfristig ist guter Schlaf, ausreichend Nahrung und Bedürfnisbefriedigung nötig.

1. Sich zurückzuhalten, ist frustrierend. Das sollte bei der Auslastung bedacht werden.

2. Bedürfnisse gezielt ausleben zu können, fördert die Kooperationsfähigkeit.

2

Rituale helfen Hund und Mensch im gemeinsamen Alltag.

Unnötig verlangte Kooperation

Frei nach dem Motto „choose your battles“, also sich genau zu überlegen, welche Kämpfe man ausfechten möchte, sollte mit der Impulskontrolle des Hundes umgegangen werden. Identifiziere in eurem Alltag unnötig verlangte Kooperation, frustrierende Situationen und Übungen, die das Stresssystem aktivieren und damit impulskontrolliertes Verhalten später schwieriger machen könnten. Statt den Hund minutenlang vor einem gefüllten Futternapf sitzen zu lassen, reicht eine Routine, wie z. B. am Hundekissen zu warten, bis der Napf auf dem Boden steht. Die Kofferraumklappe muss nicht minutenlang geöffnet werden, bevor man selbst bereit zum Spaziergang ist. An der Straße sollte aus Sicherheitsgründen auf jeden Fall immer eine Leine genutzt werden, statt darauf zu hoffen, dass der Hund jedem Reiz widerstehen kann. Auch unsichtbare Grenzen im Garten oder Haus, die der Hund nicht übertreten darf, sind reine Verschwendung wichtiger Ressourcen und eine zu vermeidende Frustrationslast. Gestalte eure gemeinsamen Tage nach Möglichkeit so, dass für die wichtigen Dinge in eurer Umwelt noch ausreichend Ressourcen vorhanden sind. Übe gleichzeitig ausgewählt und kleinschrittig erwünschte Verhaltensweisen, die so stark verstärkt werden, dass dein Hund das Verhalten zeigen will, weil es so lohnend für ihn ist. Sobald du deinen Hund besser lesen kannst, wirst du auch leichter einschätzen können, ob Situationen gerade fordernd oder sogar überfordernd waren und der Spaziergang danach lieber leichter und mit mehr Unterstützung angegangen werden sollte.

Auslastung und Pausen

Das erste und wichtigste Signal in meinem Alltag mit meinen Hunden war das „Stopp“. Und dennoch gibt es Tage, an denen ich Kenny im Wald mehr Unterstützung geben muss, weil davor schon allerhand Wildtiere unseren Weg gekreuzt haben und er perfekte Impulskontrolle gezeigt hat. Gezielte Pausen, um die Erregungslage zu senken, davor aber auch aktive Auslastungen spielen eine wichtige Rolle dabei. Auch vorausschauendes Handeln und Änderung des Spazierweges gehören für mich automatisiert dazu, um es ihm, seinem Stressfass und damit auch mir leichter zu machen. Es ist ein Miteinander, füreinander da sein und sich unterstützen, damit der Hund zeigen kann, was mir in dieser menschlichen Welt wichtig ist.

Wir haben
keinen Hund,
um perfekt
zu sein.
Wir haben
einen Hund,
um eine
schöne Zeit
zusammen
zu verbringen!

Dr. Janey May

STRESSOREN IM ALLTAG

UNSEREN BLICK FÜR HUNDE SCHULEN

Es lohnt sich, den Alltag aus Hundeaugen zu betrachten, um eine faire Erwartung an Verhaltensreaktionen haben zu können.

Den Alltag scannen

In der heutigen Zeit kann der ganz normale Alltag durchaus stressend sein. Neben Stress, den wir wortwörtlich selbst in der Hand haben, bei dem es leichter fällt, etwas zu verändern, gibt es aber auch Dinge, die nicht in unserer Hand liegen und das Stresssystem fordern.

Zum Beispiel, wenn der Hund krank wird, wenn er plötzlich von einem Artgenossen angegriffen wird, oder wir krankheitsbedingt ausfallen und sich unser Hund plötzlich auf einen veränderten Alltag und eine andere Person einstellen muss. Unser Fokus liegt zum einen darauf, das Wohlbefinden unserer Hunde zu steigern und eine Basis an Handlungsstrategien zu schaffen, damit unvorhergesehener Stress besser bewältigt werden kann und zum anderen darauf, vermeidbare Stressoren ausfindig zu machen.

Oftmals ist uns gar nicht bewusst, welche alltäglichen Stressoren auf unsere Hunde einwirken, weil wir eine ganz andere Sicht auf die Dinge haben. Hier ist es hilfreich, offen für detektivische Arbeit zu sein, denn sie lohnt sich für alle Beteiligten.

Mehr Platz im Stressfass bedeutet schließlich auch, dass Reaktionen auf unvorhergesehene Auslösereize anders ausfallen und Platz für Training an erwünschten Verhaltensweisen vorhanden ist.

Gehe anhand der nachfolgenden Tabelle euren Alltag durch und überlege, was davon zutreffen könnte und Raum für Veränderung bietet.

Gesteigertes Wohlbefinden verändert den Blick auf die Umwelt zum Positiven.

RAUM FÜR VERÄNDERUNGEN

Sozialkontakte	Wie verhält sich dein Hund nach Sozialkontakten?	Sind es gemischtgeschlechtliche Gruppen, die durch Konkurrenz viel Aufregung erzeugen oder aber ganz spezielle Hunde, bei denen du dich schon öfter gefragt hast, ob das überhaupt Spiel ist.
Erwartungsunsicherheit	Probierst du oft verschiedene Trainingstipps aus, wechselst deinen Umgang mit deinem Hund, werden häufig Hausregeln verändert oder wichtige Tagesabläufe sind unvorhersehbar?	Hier gibt es Dinge, die nicht komplett in unserer Hand liegen, wie z. B. wechselnde Tagesabläufe. Aber unseren Umgang, unsere Art des Trainings, der Aufbau von Signalen und auch Hausregeln sollten wir mit Erwartungssicherheit verbinden.
Gesundheit	Fällt es dir leicht, die Körpersprache und das Verhalten deines Hundes zu deuten, um etwaige Krankheitsanzeichen früh zu erkennen?	Gerade langsam fortschreitender Schmerz gehört zu den Dingen, die leichter übersehen werden. Dazu zählen Zahn- ebenso wie Gelenkschmerzen. Hier kann rückblickend ein Tagebuch hilfreich sein, in dem du kurz kleine Veränderungen im Verhalten deines Hundes beschreibst. Auch eine regelmäßige Vorsorgeuntersuchung in der Tierarztpraxis kann dazu beitragen, dass nichts übersehen wird.
Ruhephasen	Hat dein Hund ausreichend Möglichkeiten, selbstbestimmt zur Ruhe zu kommen?	Hier ist es wichtig, aufgezwungene Ruhe von selbstbestimmter zu unterscheiden. Hunde, die nicht von ihrem Kissen aufstehen dürfen, angeleint oder gar tierschutzrelevant in eine Transportbox gesperrt werden, erfahren keine erholsame Ruhephase, wie sie eigentlich gedacht und erhofft war. Dein Hund sollte mehrmals am Tag die Möglichkeit bekommen, ungestörte Tiefschlafphasen haben zu können (zum Aufbau von Ruhezonen siehe S. 150).

Impulskontrolle	Muss dein Hund zu Hause sehr viel Impulskontrolle aufbringen, weil z. B. überall bodentiefe Fenster sind, die es ihm schier unmöglich machen, Reize auch mal auszublenden?	Oder aber die Terrassen-/Balkontür steht viele Stunden am Tag offen, so dass dein Hund immer wieder aus Ruhephasen gerissen wird, weil ungefiltert Reize auf ihn einprasseln. Auch ein Garten ohne Zaun, der dennoch nicht verlassen werden darf, zieht im Alltag sehr viel mentale Kapazität, führt zu Frust und infolgedessen zu Stress und verminderter Impulskontrollfähigkeit.
Über- und Unterforderung	Hat dein Hund im Alltag Möglichkeit für aktive Stressbewältigung, oder liegt der Fokus nur auf Ruhe? Vielleicht trifft das Gegenteil zu, und ihr geht immer längere Strecken, um die erhoffte Ruhe zu erreichen?	Dieser Bereich ist gar nicht so leicht einzuschätzen, weshalb ich noch einmal gesondert darauf eingehe (siehe S. 61 ff.). Ein Tagebuch unterstützt dich dabei, leichter zu erkennen, ob Über- oder Unterforderung in eurem Alltag eine Rolle spielen. So kannst du rückblickend die Unterschiede der Beschäftigungszeiten und das Maß an Bedürfnisbefriedigung mit seinem Verhalten in Verbindung bringen.
Signale mit negativer Emotion	Kamen in eurem Miteinander bereits hemmende, vielleicht sogar aversive Methoden zum Einsatz, um Signale durchzusetzen?	Signale, die wir mit unseren Hunden üben, werden mit Emotionen verknüpft. Es ist sinnvoll, die Signale des Alltags genauer unter die Lupe zu nehmen. Solche, die mit Druck, Zwang, ja vielleicht sogar Angst und Schmerz verknüpft sind, solltest du ausmisten. Auch wenn du jetzt vielleicht oberflächlich gar nicht mehr siehst, dass dein Hund Anzeichen von Angst oder Unsicherheit zeigt, innerlich passiert bei deinem Hund sehr wohl etwas.

In eurem ganz individuellen Alltag gibt es mit Sicherheit noch andere Dinge, die du dieser Liste hinzufügen kannst. Gehe sie also immer mal wieder durch. Du wirst im Laufe des Lesens sicher noch mehr über das Verhalten deines Hundes erfahren und Dinge differenzierter betrachten können!

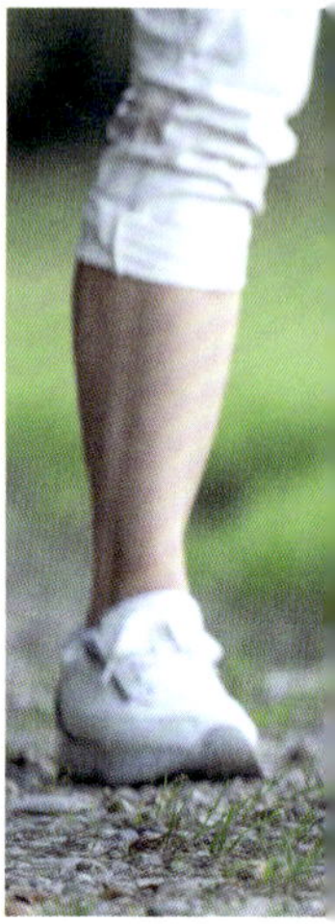

1

1. Emotionale Unterstützung und „Schutz bieten“ kann hilfreich sein. Vor allem in fordernden Situationen profitiert dein Hund davon, zu wissen, dass er immer zu dir kommen kann.

2. Selbstbestimmt und aus dem Schutz heraus wachsen Mut und Neugierde, unabhängig von deinen Emotionen.

STIMMUNGSÜBERTRAGUNG

Ist unsere eigene Stimmung am Ende am Verhalten unseres Hundes schuld? Du kennst sicher den klassischen Satz: *„Wärst du wirklich entspannt, könnte dein Hund auch entspannt sein!“*
Es ist eine bedrückende Vorstellung, dass unser Hund die unterschiedlichsten Stimmungen direkt übernimmt, Stress entwickelt, nur weil man selbst gestresst ist. Stimmungsübertragung gibt es, aber wie sie funktioniert und wie eben auch nicht, sollte differenziert betrachtet werden.
Natürlich spüren Hunde unsere Emotionen und diese beeinflussen ggf. ihr Handeln. Im sozialen Miteinander ist das nichts Ungewöhnliches, schließlich stellen wir auch niemandem aus der Familie noch eine Frage, obwohl die Person schon sichtlich gestresst ist, oder überlegen genau, wann wir eine Bitte vorbringen. Wir erkennen am Verhalten, der Stimmlage, der Mimik und anderen Körpersignalen, welche Emotion das Gegenüber hat – vor allem im engsten Umfeld, wo Lernerfahrung eine wichtige Rolle spielt. Unsere Hunde haben zusätzlich ihren Geruchssinn, spüren und erkennen unsere Emotionen sehr gut. Vor allem wichtige Emotionen wie Angst werden schnell erkannt, das kann im Zweifel Überleben sichern. Sie lassen sich durchaus auch von anderen Hunden „anstecken“. Wenn ihr bester Kumpel z. B. bellend an den Zaun rennt, machen sie häufig mit.

Reaktion auf Emotionen

Mit welchem Verhalten Hunde auf die erkannte Emotion reagieren, ist vielschichtig und individuell zu betrachten. Unterschiedliche Lernerfahrungen und der Persönlichkeitstyp spielen hier auch eine Rolle.

2

Das individuelle Zusammenleben prägt die Reaktionen auf die wahrgenommenen Emotionen. Nur weil mein Stresssystem in Gang kommt und mein Hund Stresshormone riechen kann, übernimmt er diesen Stress nicht direkt, wenn er gelernt hat, dass ihn all das gar nicht betrifft, solange ich z. B. vor meinem Laptop sitze. Er bewertet diese Situation emotional nicht als Bedrohung und übernimmt den Stress deshalb nicht. Unsere Hunde haben ihre eigenen Emotionen, machen ihre eigenen Lernerfahrungen und haben eine eigene emotionale Bewertung von Situationen. Vielmehr ist es das veränderte, nicht authentisch wirkende Verhalten, das Menschen aus Angst, ihren Hund anstecken zu können, zeigen. Gerade unsichere Hunde, die sich dieses Verhalten ihrer Menschen nicht erklären können, reagieren auf diese Körpersprache, aber nicht unbedingt auf die Emotion ihres Menschen. Natürlich können wir mit einem unruhigen Umfeld im eigenen Zuhause auch Unruhe bei unserem Hund fördern. Gerade bei sehr jungen oder frisch eingezogenen Hunden ist das der Fall. Auch in unbekannter Umgebung können Hunde stärker von ihren Menschen abhängig sein und reagieren feinfühliger auf Emotionen, da sie selbst angespannter sind.

Klare Handlungsstrategien

Was das Hund-Mensch-Team in herausfordernden Situationen unterstützt, sind positiv aufgebaute Signale. Eine klare Handlungsstrategie zu haben, bringt das Gefühl von Sicherheit. Statt dir also den Kopf darüber zu zerbrechen, wie du dich innerlich ruhiger bekommst, kannst du damit beginnen, Signale aufzubauen, bei denen du sicher bist, sie in bestimmten Situationen als Alternativen abfragen zu können. Deine Entspannung kommt meist mit dem Fortschritt im Training.

Mein Tipp

Das Feld der Stimmungsübertragung sollte nicht vereinfacht betrachtet werden. Dies kann im schlimmsten Fall dazu führen, dass Menschen demotiviert werden und in eine negative Spirale von Selbstvorwürfen und Verzweiflung geraten. Wann immer du das Gefühl hast, du bist mit Situationen überfordert, suche dir bitte entsprechende Hilfe. Mit Angst in Situationen zu gehen, in denen wir Stütze sein sollten, ist zu viel verlangt.

Ein Hund,
der Signale
ausführen will,
ist immer
verlässlicher als
einer, der Signale
ausführen muss
und aus Angst
vor Konsequenzen
handelt.

Dr. Janey May

Verständnis füreinander

Immer wieder mache ich in meiner Arbeit die Erfahrung, dass das Loslösen von „man macht das aber so“ oder „aber andere Hunde können das“ den Blick für den wahren Grund des Verhaltens überhaupt erst öffnet.

Entschlüsselte Hundebedürfnisse können im gemeinsamen Alltag bedient werden. Deshalb lohnt sich ein genauer Blick auf deinen Hund.

Überlege dir einmal, wann es dir ums Prinzip, also ums Gewinnen geht, wo du blanke Funktion deines Hundes verlangst, ohne dabei auf sein Empfinden zu achten. Gerade im sozialen Miteinander ist es wichtig, sich gehört, verstanden und als wichtig in der Gemeinschaft zu fühlen. Zählen immer nur die Befindlichkeiten des einen, färbt das den Blick aufs Leben pessimistisch. Denn die Rolle des Verlierers geht mit Frust einher, also Stress. Wird daraus chronischer Stress, führt das zu den bereits besprochenen Begleiterscheinungen (siehe S. 17 f.).

Den Blick im wahrsten Sinne des Wortes in die gleiche Richtung auszurichten und neugierig zu hinterfragen, was der eigene Hund wohl gerade mit seinen Sinnen aufgenommen hat, welches Bedürfnis bei ihm gerade im Vordergrund steht, macht gutes und faires Training am Fundament überhaupt erst möglich. Das „Warum“ für Verhalten wird uns immer wieder begleiten, wenn es um nachhaltiges Training geht.

Hinter jedem Verhalten steht ein Bedürfnis, das gesehen werden möchte!

Dieser Leitsatz zeigt sehr gut, dass Verhalten nicht einfach so passiert. Es macht immer Sinn für denjenigen, der es zeigt. Hunde sind sehr gut darin, sich wie Hunde zu verhalten, wir Menschen müssen dieses Verhalten nur entschlüsseln. Was unsere Hunde bei ihren Menschen sehr penibel tun, trotz Sprachbarriere. Obwohl sie vielleicht sogar kein eindeutiges Signal bekommen, versuchen sie eine sinnhafte Schnittmenge zu finden, und zeigen konfliktvermeidendes Verhalten. Sie möchten Konflikten, gerade im engen Familienkreis, nach Möglichkeit aus dem Weg gehen. Genau dieses Verhalten wird manchen Hunden zum Verhängnis. Konfliktverhalten kann für den Menschen, der etwas Spezifisches von seinem Hund will, unverständlich sein. Der Hund schnüffelt plötzlich, ignoriert seinen Menschen, wird wuselig, buddelt, bietet andere Verhaltensweisen an oder knabbert an einem Stock. Mehr Strenge, Druck und unklare Kommunikation führen in diesen Momenten zu mehr Konfliktverhalten, das absolut nichts mit Sturheit oder einem Austesten zu tun hat.

Bei Verhalten gilt immer: *„Nicht gegen dich, sondern für mich.“* Dieser Satz verdeutlicht noch einmal, dass Verhalten aus der individuellen Lerngeschichte und den zur Verfügung stehenden Möglichkeiten immer einen Sinn ergibt. Ich würde mir wünschen, dass du neugierig bleibst und versuchst, das Verhalten deines Hundes zu entschlüsseln und ihm wohlwollend erklärst, was aus menschlicher Sicht ein passendes Verhalten wäre. Denn eines kann ich dir versichern, dein Hund zeigt kein Verhalten, um dich absichtlich auf die Palme zu bringen.

In die gleiche Richtung zu blicken, schafft die Möglichkeit zu sehen, was der andere sieht.

1

2

1. Pausen auf fordernden Spaziergängen, in denen Spaß im Vordergrund steht, sind für Mensch und Hund wichtig.

2. Eine gezielt eingesetzte Futterablenkung kann Nerven auf beiden Seiten sparen. Man darf es sich auch mal leicht machen.

BEREICHERUNG ODER BELASTUNG?

Die Zeit mit Hund stellen sich viele Menschen sehr romantisiert vor. Man hat den Blick rein auf die positiven Momente gerichtet. Aber in jedem sozialen Miteinander steckt Arbeit und da unsere Hunde in einem starken Machtgefälle leben, liegt die Verantwortung für ein gelingendes soziales Miteinander bei uns Menschen. Es ist völlig normal, auch mal keine Lust und Nerven zu haben, sich weiter um die Trainingsziele und Erwartungen zu kümmern. Genau für diese Momente solltest du vorsorgen. Wo seid ihr ganz für euch und habt eine schöne Zeit miteinander, ganz ohne Ablenkung? Ist es ein spezielles Waldgebiet? Ein einsam gelegenes Feld? Ausgelassene Zeit im Garten? Eine abgelegene Wiese, die dein Hund an der 20-Meter-Schleppleine erkundet? Oder statt raus in die Natur, besser der Weg durch die Fußgängerzone, weil dort keine Jagdreize lauern und viele Gerüche warten?

Zusammen Zeit verbringen

Die Zeit mit deinem Hund soll auf Dauer keine Belastung in deinem Leben sein. Auch dieses Gefühl färbt den Blick auf den eigenen Hund und die eigenen Reaktionen auf Hundeverhalten passen sich dem an. Vielleicht kommen Ablenkungen hinzu, wie das Handy, oder der Spaziergang in größeren Gruppen, weil dem Menschen Unterhaltung wichtig ist. Das Handy und die Gespräche binden wichtige Ressourcen, so dass weniger Nerven und ungeteilte Aufmerksamkeit für den Hund übrig sind. Lass das Handy auf euren gemeinsamen Runden in der Schublade, wenn es negative Auswirkungen auf eure gemeinsame Zeit hat.
Mach es euch leicht, die Zeit miteinander zu genießen. Man neigt oftmals dazu, genau an die Punkte zu gehen, wo es noch nicht so klappt, weil man gerne hätte, dass es besser läuft. Training ist wichtig und gut, natürlich sollst du daran arbeiten, mit deinem Hund gemeinsam einen stressärmeren

Alltag zu haben. Das beste Training bindet sich in den Alltag ein, denn er ist euer Training. Aber vor allem soll euer Alltag die gemeinsame Qualitätszeit sein.

Kleine Hilfen für manch anstrengende Tage

Erstelle dir eine Liste mit kleinen Hilfen für anstrengende Tage.
1. Viel Unruhe und Reaktionen auf Reize vor der Wohnung – ich mache mir die kleinsten Fortschritte im Training an diesem Verhalten klar, beschäftige meinen Hund mit Futter im Zimmer, reagiere nicht weiter auf sein Verhalten, schließe die Tür, lass Musik laufen und achte darauf, mir selbst etwas Gutes zu tun. Nicht jede Zeit des Tages muss Trainingszeit sein. Du darfst dir Pausen gönnen und manchmal ist „gut" absolut ausreichend. Schüttle die Perfektion ab.
2. Bei Besuch ist noch kein ruhiges Verhalten möglich – wir empfangen den Besuch zuerst vor der Haustür, ich lass meinen angeleinten Hund dabei mit seinem liebsten Spielzeug spielen. Danach bekommt er drinnen eine Futterbeschäftigung, während ich ihn angeleint lass und den Besuch im Abstand platziere. Auch Türgitter können hier hilfreich sein.
3. Der Spaziergang ist frustrierend, weil der Hund hektisch ist, er zeigt keine ruhige Umwelterkundung – habe ich keine Ressourcen, das zu begleiten und die Bedürfnisse von meinem Hund zu hinterfragen, nutze ich die 20-Meter-Schleppleine, bleibe stationär und bringe meinen Hund über Spielzeug/Futter in Beschäftigung. Oder ich breche den Spaziergang ab und gehe lieber zu einem Playdate in den Garten von Kumpel xyz, oder plane im eigenen Garten Spiel und Beschäftigung, was wie folgt aussieht: Ich verstecke Futterbrocken und/oder Spielzeug, ich renne mit meinem Hund umher, wir üben einige Tricks, ich belohne meinen Hund gezielt dafür, dass er Reize vor dem Garten ruhig beobachtet.

Der Fokus sollte auf gemeinsamer Qualitätszeit liegen. Der Spaß an- und miteinander schweißt zusammen.

Es gibt viele Möglichkeiten, wie wir weg von Perfektion und hin zu einem „gut genug“ kommen können. Wer Anlauf nimmt, kann danach besser durchstarten, deshalb brauchst du mit deinem Hund Pausen. Es kommt niemand um die Ecke, der abfragt, wie viele Übungen heute brav gemacht wurden. Starre Trainingspläne gehen vorbei an Tagesform und Lebensrealität, versuche hier unbedingt selbstauferlegten Druck zu vermeiden.
Auch beim Ertönen der Türklingel eine Handvoll Leckerli in ein Zimmer zu werfen und ein Türgitter hinter sich zu schließen, kann den Alltag erst einmal entlasten. Der Mensch hat eine Handlungsstrategie, das Ritual verändert das Verhalten des Hundes und eröffnet die Möglichkeit, einen Einstieg in ein passendes Training. Machmal entsteht durch pragmatische Lösungen erst Kraft für Training.

DIE LEIDENSLISTE

Nachdem du den Fokus nun auf eurem Alltag hast, bleiben wir direkt dort und ich würde dich bitten, einmal zu überlegen, welche Verhaltensweisen deines Hundes ihn und dich am meisten belasten. Es ist nicht nur für dich sehr schwierig, an allem gleichzeitig zu trainieren, es bringt oft Unübersichtlichkeit und damit Unsicherheit im weiteren Vorgehen. Die genannten Verhaltensweisen solltest du nach Wichtigkeit im gemeinsamen Alltag sortieren. Ganz oben steht der Punkt, der am belastendsten für alle ist. Nun überlegst du dir für alle Punkte auf der Liste Managementstrategien, die direkte Erleichterung bringen und euch aus falschem Aktionismus rausholen. Eine Schleppleine kann z. B. hilfreich sein, wenn dein Hund bei bestimmten Reizen noch stark abgelenkt ist und deshalb nicht sicher auf Signale reagieren kann. Spazierzeiten

1. Eine Leine kann unerwünschtes Verhalten verhindern.

2. So ist Raum für Training erwünschter Verhaltensweisen geschaffen.

1

oder -routen können dahingehend verändert werden, dass sie frustärmer oder stressreduzierter stattfinden. Auch überfordernde Situationen, soweit möglich, erst einmal aus dem Weg zu gehen, ist unterstützend, da der Hund das unerwünschte Verhalten nicht weiter zeigen und etablieren kann. Alles, was euch entlastet und damit euer Stressfass schont, macht Platz für kleinschrittiges Training am wichtigsten Punkt auf der Liste.

Management ersetzt kein Training, aber es macht Training überhaupt erst möglich.

Faktoren für Verhaltensweisen

Auch der Blick auf die Faktoren, die diese Verhaltensweisen mit verursachen, hilft uns dabei, Erleichterung in den gemeinsamen Alltag zu bringen. Folgende Fragen unterstützen dich dabei:

2

Welches Verhalten zeigt dein Hund und wann genau?

Was sind deiner Meinung nach die Auslöser für dieses Verhalten?

Wie sind die äußeren Bedingungen dabei, mit wem ist der Hund unterwegs und wo?

Was war direkt vor dem Verhalten, oder hat wahrscheinlich direkt Einfluss auf das Verhalten genommen?

Passt meine Erwartungshaltung an das Hundeverhalten zur jeweiligen Situation?

Haben wir das erwünschte Verhalten auf dieser Schwierigkeitsstufe schon geübt, oder weiß mein Hund überhaupt nicht, welches Verhalten in dieser Situation erwünscht ist?

Vielleicht spürst du, dass Spaziergänge ohne bestimmte Hunde deutlich ruhiger ablaufen und dein Hund weniger unerwünschte Verhaltensweisen zeigt. Ermögliche euch Spaziergänge ohne diese Hunde, um kleinschrittiges Training angehen zu können. Versuche begünstigende Faktoren zu minimieren oder zu umgehen. Diese Erkenntnisse führen oftmals schon zu mehr Verständnis für das Hundeverhalten.
Menschen fällt es oftmals schwer zu formulieren, welches Verhalten der Hund stattdessen zeigen soll. Was er nicht tun soll, ist leichter und klar formuliert. Das hast du mit der Leidensliste schon getan, nun folgt der wichtigste Schritt: Welches Verhalten wäre passend, erwünscht und trainierbar für die jeweiligen Situationen? Dein Hund braucht genaue Informationen darüber, was du als passend empfindest. Er verhält sich ja schon und aus seiner Sicht macht das Sinn, sonst würde er das Verhalten nicht zeigen. Wird dein Hund in einer Situation sehr aktiv, wird es schwierig, ihn zu einem starren Verhalten zu bringen. Statt einem „Sitz", was wahrscheinlich sogar schon mit negativen Emotionen verknüpft ist, wäre eine Drehung um sich selbst wahrscheinlich passender. Oder das Belauern eines Spielzeugs oder eines Futterbrockens. Wir müssen nicht nur passende Alternativen finden, sondern den Hund auch kleinschrittig auf diesem Weg unterstützen und die Möglichkeiten für das erwünschte Verhalten schaffen. Die erste Etappe, um an einem Hund vorbeilaufen zu können, kann manchmal sein, im Abstand mit dem Lieblingsspielzeug spielen zu dürfen.

1. Statt statischer Alltagssignale, kann das Belauern von Spielzeug passender sein, um unerwünschtes Verhalten zu ersetzen.

2. Der positive Moment im Spiel kann ein erster Schritt zu einem großen Ziel sein.

1

2

Schwierigkeitsstufen im Training

Der Blick vom Anfang bis zum perfekten Ziel kann einschüchternd sein. Um langfristige Erfolge im Training zu erzielen, ist es wichtig, sich ein starkes Fundament aufzubauen und aus dieser Sicherheit heraus einen Schritt nach dem anderen vorwärts zu machen.

Wer auf dem Weg nach oben immer wieder Stufen auslässt, läuft Gefahr, schneller wieder ganz nach unten zu fallen. Im Fokus des Trainings steht die Steigerung des Wohlbefindens deines Hundes. Leistbare Trainingsschritte und das Gefühl, es richtig zu machen, sind wichtige Punkte, damit das Training selbst nicht zum Stressauslöser wird. Wir tun uns selbst keinen Gefallen, den Hund in Situationen zu bringen, die er (noch!) nicht leisten kann. Hier besteht nicht nur die Gefahr, dass er unerwünschtes Verhalten zeigt, festigt und somit übt, sondern auch, dass dein Vertrauen in deinen Hund darunter leidet. In solchen Situationen entsteht oft das Gefühl, dass der Hund eben nicht so ist wie andere, vielleicht doch einen anderen Erziehungsstil braucht oder es einfach nicht versteht. Überforderung und Hoffnungslosigkeit versperren einem dann den Blick auf das schon Erreichte und die schöne gemeinsame Zeit. Wir würden doch auch von keinem Kind in der ersten Klasse verlangen, bei einer Mathe-Abiturprüfung mitzuschreiben. Die Anforderungen sollten dem Lernstatus entsprechen.

Die Unterscheidung zwischen gestellten, leichten Trainingssituationen und schwierigen Alltagssituationen ist wichtig für einen fairen Umgang und die eigene Erwartungshaltung.

Nur weil mein Hund zu Hause Signale direkt umsetzen kann, bedeutet das noch lange nicht, dass er die gleichen Signale neben einer Hundespielwiese zeigen kann, auf der gerade einige Hunde umherrennen. Überlege dir also genau, in welchen Situationen du Signale abfragst, solange sie auf dieser Schwierigkeitsstufe noch nicht geübt wurden. Bist du gerade ganz neu mit einem Signal gestartet, versuche im Alltag lieber Management zu betreiben, statt immer wieder das wichtige Signal abzunutzen. Hast du z. B. gerade begonnen, im Wohnzimmer das „Schau" aufzubauen, verlange es bitte nicht bei nächster Gelegenheit auf der Hundewiese von deinem Hund. Übe kleinschrittig Stufe für Stufe und nutze solange in schwierigeren Situationen beispielsweise eine Absicherung über eine Schleppleine, oder gib deinem Hund mehr Hilfen, indem du dich zu ihm kniest oder Abstand zum Reiz aufbaust.

SCHWIERIGKEITSSTUFEN

Entspannung im Schlafzimmer

Entspannung in der Fußgängerzone

Kann dein Hund im Haus entspannen, ist das noch lange nicht in der Stadt gewährleistet.

SKALA VON 1 BIS 10

Stelle dir z. B. eine Skala von 1 bis 10 vor. Möchtest du mit deinem Hund üben, dass er trotz Ablenkung das Signal „Sitz" ausführen kann, startest du auf Stufe 1. Du wartest auf den Moment, in dem dein Hund sich setzt, markierst dieses Verhalten mit Markerwort/Clicker und gibst deinem Hund eine Belohnung (Einfangen von erwünschtem Verhalten). Funktioniert das gut, gehst du zu Stufe 2 und gibst vor dem Hinsetzen das Wortsignal „Sitz", markierst die Sekunde des Verhaltens und belohnst es. Nun kommen kleine Ablenkungen dazu, die du passend zu deinem Hund auswählst und gehst so schrittweise auf der Skala weiter nach oben. Klappt das Abfragen des Signals in der Wohnung irgendwann auch mit leichter Ablenkung, weil z. B. noch eine weitere Person anwesend ist, oder der Nachbarshund zu hören ist, heißt das noch lange nicht, dass der Hund „Sitz" im Alltag zeigen kann, wenn ein Hund direkt an ihm vorbeiläuft. Wir müssen uns also immer wieder fragen: Habe ich das, was ich gerade verlange, auf dieser Schwierigkeitsstufe schon geübt und überhaupt schon mal in einer solchen Situation? Stufe 1 beschreibt eine Situation ohne Ablenkung und mit voller Aufmerksamkeit bei dir. Stufe 9 wäre in Anwesenheit des stärksten Reizes deines Hundes, z. B. Rehe, die in Entfernung gut sichtbar über ein Feld rennen. Stufe 10 wäre, wenn dieser Reiz plötzlich und überraschend vor euch auftaucht. In meinem Beispiel: Rehe, die nah vor euch aus dem Wald springen und euch dadurch erschrecken. Keine Angst, du musst nicht jedes Signal bis zur Stufe 10 trainieren. Hier ist durchaus Fleiß gefragt. Mein Hund Kenny kann auf dieser Stufe nur unser Notfallsignal „Stopp", bei dem er direkt stoppt und sich hinlegt.
Bedenke beim kleinschrittigen Training also Örtlichkeiten, Ablenkungen und auch Vorboten von Reizen. All das beeinflusst die Erregungslage deines Hundes, was überlegtes und impulskontrolliertes Handeln erschwert. Gerüche oder Erwartungen als Vorboten von Reizen, z. B. weil am Gartenzaun eines bestimmten Gartens schon oft ein bellender Hund stand, sollten bei der Erstellung eines passenden Stufenplans bedacht werden. So fällt es deutlich leichter, einzelne Erfolge wahrzunehmen und den eigenen Hund besser einschätzen zu können, um ihm entsprechende Hilfe zu geben. Bedenke beim Erstellen des Plans auch Verhaltensweisen, die du dir im Alltag von deinem Hund wünschst, z. B. in der Nähe bestimmter Reize entspannen zu können. Nur weil der Hund unter stärkerer Ablenkung im Schlafzimmer entspannen kann, bedeutet es nicht, dass er in der Fußgängerzone entspannen kann. Auch hier sollten wir kleinschrittig vorangehen.

KLARE ZIELE FORMULIEREN

Nicht nur die Schwierigkeitsstufen, sondern auch das Zerlegen von Verhaltensweisen in kleinere Trainingsschritte unterstützt uns bei unserem Ziel, einen verlässlichen Hund im Alltag zu haben.
Wir Menschen neigen dazu, Dinge als einfach oder selbstverständlich einzustufen, die vom Hund sehr viel fordern. Schauen wir uns dafür den Rückruf an, der, in Einzelschritte zerlegt, wie folgt aussieht: Der Hund soll nicht weiterrennen, sich vom Reiz abwenden, vollständig umdrehen, zu seinem

Der sichere Weg zum angenehmen Alltagsbegleiter führt über viele Teilschritte. Hier sind Übung und Geduld gefragt.

Menschen kommen und bei ihm bleiben. Er muss erst einmal langsamer werden, um stehen bleiben zu können. Wenn er steht, beginnt die Gewichtsverlagerung und das Umdrehen. Der gesamte Weg bis zu seinem Menschen ist bespickt mit Ablenkungen, diesen soll er widerstehen und dennoch schnell zum Menschen kommen. Kurz vor seinem Menschen muss er wieder langsamer werden und stoppen, danach weiterhin nicht auf seine Umwelt reagieren und beim Menschen bleiben.
Werden im Training diese Schritte einzeln vom Gesamtverhalten geübt und entsprechend verstärkt, wird das Gesamtverhalten am Ende verlässlicher,

BESTÄTIGUNG VON TEILZIELEN

Gerade für unsichere und schnell gestresste Hunde sind Teilziele wichtig. Die Bestätigung zeigt ihnen, dass sie auf dem richtigen Weg sind, und motiviert sie zum Weitermachen. Stück für Stück wird so das Gesamtverhalten in ruhiger Emotionslage und Sicherheit erlernt.

denn der Hund weiß ganz genau, was der Mensch von ihm möchte. Außerdem können wir in sehr schwierigen Situationen schon Teilziele honorieren und vermeiden so, dass der Hund unerwünschtes Verhalten zeigt. Loben wir das Langsamerwerden, ist es viel wahrscheinlicher, dass der Hund auch stehen bleibt. Die Belohnungsgeschichte des Gesamtverhaltens ist durch verstärkte Teilziele deutlich stärker und es ist unwahrscheinlich, dass alle Teilziele gleichzeitig überrannt werden.
Auf deiner „Leidensliste" sind Verhaltensweisen gesammelt, an denen du nach und nach arbeiten möchtest (siehe S. 46 ff.). Danach hast du erwünschte Alternativverhalten formuliert. Um diese Alternativen besser trainieren zu können, versuchst du sie nun in leistbare Teilziele zu unterteilen. Dein Hund springt z. B. Besucher an und du möchtest, dass er stattdessen auf seinem Kissen wartet. Ein leistbares Teilziel könnte sein: direkt neben dir bei der Haustür zu sitzen. Zudem betreibst du Fehlervermeidung über eine Leine und startest das Training auf der passenden Schwierigkeitsstufe, also zunächst ohne Ablenkung. Ein Target kann z. B. zusätzliche Unterstützung für deinen Hund sein (Aufbau siehe S. 115 ff.).

REAKTIONEN AUF STRESS

BEACHTE ANZEICHEN WIE ERSTARREN

Bleibt dein Hund plötzlich stehen, friert ein und ist angespannt, zeigt das seinen inneren Konflikt darüber, wie er weiter handeln soll. Etabliere hier erwünschte Strategien: Schutz bei dir, Abstand oder ein Moment zum Beobachten machen überlegtes Handeln möglich.

ÜBERLEGTES HANDELN BRAUCHT ZEIT

Die Stressreaktionen

Es gibt verschiedene Möglichkeiten, auf akuten Stress zu reagieren. Je nach wissenschaftlicher Sicht auch mehr als die im Folgenden genannten, wie zusätzlich Fright, Fawn oder Fidget.

In diesem Buch konzentrieren wir uns auf die hier genannten Stressreaktionen:
- Freeze (Erstarren/Einfrieren)
- Flight (Flucht)
- (Veraltet) Fiddle/Flirt (Übersprungsverhalten aufgrund von Konflikt)
- Fight (Kampf)
- Faint (verschiedene Definitionen: Ohnmacht, Sich-Totstellen, Aufgabe, Shut down)

Diese automatisierten Verhaltens- und Konfliktreaktionen sind abhängig von Situation, Möglichkeit, früh erlerntem Verhalten, Genetik, Charaktertyp, Örtlichkeit und dem Ausmaß von Stress. **Die zwei F's Fight (Kampf) und Flight (Flucht) werden am häufigsten genannt, wenn es um Stressreaktionen geht.**
Ich möchte deinen Fokus aber besonders auf das **Freeze**, also Einfrieren/Erstarren deines Hundes lenken.
Diese Verhaltensreaktion gilt als Vorbote bzw. Zwischenstufe vor einem Wechsel zu den anderen und ist eine Konfliktstrategie.

Wird das Einfrieren des Hundes also ernst genommen und ihm eine passende Lösungsstrategie gezeigt bzw. nicht einfach darüber hinweggegangen, flachen Stress und Erregung ab. Auf weiter ansteigenden Stress verändert der Hund sein Verhalten zu einer anderen Strategie. Gehst du z. B. mit deinem angeleinten Hund frontal auf dem engen Fußweg auf einen anderen Hund zu, wird es einen Moment geben, in dem dein Hund erstarrt. Hier ist im übertragenen Sinn die persönliche Grenze erreicht, dein Hund zeigt: *„Mir wird das zu nah, meine bisherige Strategie ändert nichts an der Situation!"* Nun könntest du darauf eingehen, indem ihr Abstand aufbaut, vielleicht vermittelst du deinem Hund Sicherheit und beruhigst ihn. Oder dein Hund hat bisher nicht kennengelernt, dass er in diesen Situationen von dir Unterstützung bekommt und versucht deshalb, in die andere Richtung zu flüchten (Flight), oder er reagiert direkt mit abwehrendem Verhalten (Fight).

Mein Tipp

Nimm das Erstarren deines Hundes ernst und gehe nicht darüber hinweg. Wer sich in einem inneren Konflikt befindet und gedrängt wird, trifft vorschnelle Entscheidungen. Das Ergebnis sind meist unerwünschte Verhaltensweisen.

1

2

1. Ziehen an der Leine hat meist mit der erregenden Situation zu tun und wenig mit Ungehorsam.

2. Fehlen erwünschte Strategien und wird zu spät Unterstützung gegeben, treten oft unerwünschte Übersprungsverhaltensweisen auf.

3. Hunde brauchen wohlwollende Unterstützung dabei, was wir als erwünschtes Verhalten definieren. Gerade wenn natürliches Verhalten durch Enge und Leine begrenzt wird.

Durch das Verbieten von Flight oder Fight wird der Hund dennoch weiterhin Stress erfahren, diese Situation als negativ bewerten und für die Zukunft schneller und deutlicher zum meist wirkungsvollen Fight greifen. Aus Sicht des Hundes hat keine andere Verhaltensstrategie schnelle Stressminderung gebracht, die Situationen wurden durch die negativen Lernerfahrungen zunehmend stressender. Zieht dein Hund in solchen Momenten verstärkt an der Leine, wird das Durchsetzen der Leinenführigkeit sein Unwohlsein enorm verstärken, es geht gerade um ein viel tiefer liegendes Problem, nämlich Angst und fehlende, vor allem funktionale Strategien.

WELPENSPIEL- UND HUNDEGRUPPEN

Die Verhaltensreaktion **Flirt/Fiddle about** ist sehr oft auf Hundewiesen zu sehen, ebenso wie in typischen Welpenspiel- und Hundegruppen auf dem Hundeplatz. Dieses Übersprungs- oder auch Konfliktverhalten wird hier oft mit Spiel verwechselt. Zu erkennen ist es an den schnellen, fahrig wirkenden und eckigen Bewegungen. Die meisten Hunde haben davor das Erstarren gezeigt, das übergangen wurde und zu keiner Abhilfe der Überforderung geführt hat. Angst und Aggression teilen sich Bahnen ins Bewertungssystem des Hirns. Es ist also nicht verwunderlich, dass Hunde, die in Spielgruppen und auf Hundewiesen weder mit Freeze, noch mit Flirt eine passende Lösung gefunden haben, früher oder später in diesen Situationen Flight oder Fight zeigen werden. Der Wechsel kann sekundenschnell gehen, weshalb es gerade in sensiblen Phasen der Sozialisation ratsam ist, auf feine Anzeichen von Überforderung und Stress einzugehen. Dem Hund sollte die Möglichkeit, sich der Situation entziehen zu können, gegeben werden.

3

Wer Schutz bei seinem Menschen sucht, bekommt diesen auch verlässlich und wird nicht weiter bedrängt. Möchten wir später Hunde, die sich sozialem Stress souverän entziehen können und auf Konflikte nicht eingehen, dann sollte früh der Fokus darauf gelegt werden, dass diese Strategie die erfolgreichste ist.

Mein Tipp

Zeichne viele Videos von deinem Hund auf, damit du Situationen, in denen er Freeze zeigt, im Nachhinein besser erkennst und ihn frühzeitig unterstützen kannst. Manchmal reicht deine Nähe, gemeinsam Abstand aufzubauen, aus der Situation zu gehen, eine kurze Pause bei dir vom Sozialkontakt, oder sogar nur beruhigende Worte von dir aus der Entfernung.

BEGRÜSSUNG VON MENSCHEN

Auch bei der Begrüßung von Menschen lässt sich **Flirt/Fiddle about** bei vielen Hunden erkennen. Häufig sind Personen, die nicht zum engen Familienkreis gehören, bei diesen Hunden Auslöser für Stress und Unwohlsein, sie brauchen eine ritualisierte Strategie für die Begrüßung von Menschen. Auch diese Verhaltensreaktion sollte nicht einfach unterbunden werden, denn es verändert nicht die zugrunde liegende Emotion, sorgt für noch mehr Unwohlsein und ebnet so den Weg zu einer Verhaltensreaktion wie Fight. Diese eher theoretische Aufschlüsselung von Verhaltensreaktionen soll dir Wissen an die Hand geben, deinen Hund ein Stück weit besser lesen und sein Verhalten leichter interpretieren zu können. Im Alltag wirst du auch Mischformen der hier genannten Reaktionen sehen, oder sekundenschnelle Wechsel.

DIE KOMMUNIKATIONS-LEITER

Kommunikation ist sehr individuell und doch gibt es Bausteine der Kommunikationsleiter, die sich bei allen Hunden erkennen lassen. Genetik, Lernerfahrungen und soziales Miteinander hinterlassen auch hier ihre Spuren. Hat ein Hund gelernt, dass er nicht Knurren darf, wird er diese Stufe der Leiter auslassen und bei weiter ansteigendem Stress und Missachtung seiner Kommunikation direkt bei einer höheren Stufe auf der Leiter einsteigen. Das Gefühl der Machtlosigkeit, trotz Kommunikation keine Beachtung zu finden, ist sehr stressend. Es frustriert und macht sogar wütend, setzt also Energie frei, um mit der Herausforderung zurechtkommen zu können.

Unsere Hunde verfügen über sehr viele feine Kommunikationsstrategien, um Konfliktsituationen energiesparend und unbeschadet aufzulösen. Achte nach Möglichkeit genau darauf, um die nun folgenden Anzeichen bei deinem Hund zu erkennen. Feine Kommunikation, die keiner weiteren Eskalation bedarf, vermindert nicht nur Stress, sie stärkt auch das Vertrauen, gibt Sicherheit und führt zu einer starken Basis im sozialen Miteinander.

1. Ein Hund bellt nicht ohne Grund, er ist erregt und es fehlt an anderen, erwünschten Strategien. Auch ein Verbot zeigt ihm nicht das von uns erwünschte Verhalten und verändert die Stimmung nicht ins Positive.

2. Für den Hund macht sein Verhalten Sinn. Mit mehr Unterstützung des Menschen könnte er erwünschtes Verhalten zeigen.

1

2

Eskalationsstufen

Je nach Möglichkeit, Gegenüber, Situation, Lernerfahrung, Genetik usw. sieht diese vereinfacht dargestellte Kommunikationsleiter individuell und situativ unterschiedlich aus.

Stufe 1: Hunde starten mit Beschwichtigungs- und Konfliktlöseverhalten, z. B. Gähnen, Blick abwenden, Körper abwenden, Ohren anlegen, grundlos Schnüffeln, Züngeln. Sie drücken so Unwohlsein, also Stress aus, möchten ihrerseits freundliche Absichten zeigen und versuchen, den Konflikt aufzulösen.

Stufe 2: Hat dieses Verhalten keinen Erfolg und der Druck steigt weiter an, geht es auf die nächste Stufe der Eskalation und ängstliches und submissives Verhalten werden sichtbar. Der Hund fühlt sich hierbei deutlich bedroht und möchte dem Konflikt weiterhin aus dem Weg gehen. Der Körper wird abgewendet, die Ohren angelegt, manche Hunde legen sich auf die Seite oder den Rücken, wedeln sehr schnell und tief, viel Weiß wird im Auge sichtbar (Walauge).

Stufe 3: Erst danach tritt Drohverhalten auf, der Hund möchte einen Kampf weiterhin vermeiden, darunter fällt beispielsweise tiefes Knurren, Zähne zeigen, Abschnappen, „T-Stellung", Blickfixieren.

Stufe 4: Bleibt all dieses vermeidende Verhalten erfolglos, kommt es zum Kampf. Aggressionsverhalten dient dem Individuum dazu, den Normalzustand wiederherzustellen. Es handelt sich um ein natürliches und sehr effektives Verhaltensprogramm.

Hat ein Hund mehrfach die Lernerfahrung gemacht, dass erst Aggressionsverhalten Erfolg bringt, wird dieses Verhalten immer wieder gezeigt, da es unter sehr hoher Erregung und mit hohem Maß an Erfolg einhergeht. Aggressionsverhalten ist ein sehr komplexes Verhalten, auf das ich hier jedoch nicht näher eingehen kann. Videomaterial wird dir dabei helfen, deinen Hund und seine individuelle Kommunikation besser kennenzulernen. Gerade im Kontext lassen sich einzelne Verhaltensweisen erklären und es wird erkennbar, ob der Hund sich über die Nase geschleckt hat, weil ihn ein Grashalm gekitzelt hat, oder ob es in Zusammenhang mit einem stressauslösenden Reiz gezeigt wurde, etwa, weil du ihm gerade das Geschirr anziehen wolltest.

Nicht jede kleinste Geste unserer Hunde sollte überinterpretiert werden, Kommunikation findet immer statt! Aber es sollte uns ein Anliegen sein, nicht wiederholt Auslöser für Stress im gemeinsamen Alltag zu sein.

Außerdem sollte es auf keinen Fall soweit kommen, dass dein Hund einzelne Stufen der Leiter in seiner Kommunikation verboten bekommt. Denn feine Kommunikation, die ankommt und verstanden wird, ist ein Schlüssel für Wohlbefinden im sozialen Miteinander und ein Sicherheitsfaktor im Zusammenleben.

Mein Tipp

Da es sehr verschiedene Formen der Aggression gibt, bitte ich dich, individuelle Hilfe bei speziell geschulten Personen in Anspruch zu nehmen.

Stressanzeichen

Wie bei allen Verhaltensreaktionen und den Abstufungen der Kommunikation, wird dein Hund auch auf Stress individuell reagieren. Und darüber hinaus situativ unterschiedlich.

Mir ist wichtig, dass du immer früher erkennen kannst, wenn es Zeit wird, den Alltag zu überprüfen und anzupassen. Deshalb zähle ich hier noch einmal gesondert Verhaltensweisen und körpersprachliche Details auf, die auf Stress hindeuten können. Außerdem möchte ich immer wieder ein Augenmerk auf Schmerz legen, der oftmals ein Hauptverursacher von Stressverhalten ist. Zudem füttert Schmerz Angstverhalten beim Hund.

Die Liste für meinen Hund Kenny würde wie folgt aussehen:
– vermehrtes Bellen/Reaktion auf Geräusche vor dem Haus
– gesteigertes Jagdverhalten
– vermehrt impulsives Verhalten auf Sichtreize in der Umwelt
– geweitete Pupillen
– Stresshecheln (Lefzen zurückgezogen, Wulstbildung, Zunge angespannt im Fang)
– weißer Speichel um den Maulwinkel sichtbar
– starkes Leineziehen
– Pfoten- und Vorderbeinlecken vor Ruhephasen
– exzessive Suche nach Essbarem in der Umwelt
– plötzlicher Schlaf zu ungewöhnlichen Zeiten

Vielleicht erkennst du bei deinem Hund ganz andere Dinge, wenn er gestresst oder erregt ist. Manche Hunde schwitzen und hinterlassen feuchte Pfotenabdrücke, die auf entsprechen-

Exzessives Buddeln kann Stresslöseverhalten sein.

dem Untergrund gut sichtbar sind. Dir fällt im Auge deines Hundes vermehrt Weiß auf, weil er die Augen weiter öffnet, er zeigt gesteigertes Aggressionsverhalten, ist nicht mehr ansprechbar und läuft Zickzack an der Leine, oder er jagt plötzlich Schatten, hat aufgestellte Haare im Nackenbereich, oder am Schwanzansatz (Piloerektion), fängt seinen eigenen Schwanz, schüttelt sich ständig, ist nicht mehr an Futter interessiert, kratzt sich vermehrt und schuppt, oder vokalisiert ausdauernd. Bei der Auflistung werden dir rückblickend ein Tagebuch oder Videoaufnahmen behilflich sein.
Erkenne ich bei Kenny Anzeichen von Stress, bin ich nicht nur situativ behilflich, um sein Wohlbefinden zu steigern, sondern überlege danach eingehend, wo sich Hintergrundstress verbirgt, wie ich Veränderung herbeiführen und direkt zu mehr Wohlbefinden beitragen kann.

ERKENNST DU UNTER- UND ÜBERFORDERUNG?

Nicht jede hohe Erregungslage bedeutet direkt etwas Schlimmes für deinen Hund, vor allem, wenn er Strategien zur Regulation erlernt hat. Aber: hohe Erregungslagen lassen unerwünschtes Verhalten wahrscheinlicher auftreten und wir müssen uns die Frage stellen, welche Signale der eigene Hund in hohen Erregungslagen noch ausführen kann. Am Ende geht es uns um Erregungslagen, die für den Hund selbst, aber auch für die Umwelt gefährlich oder schlichtweg unpassend sind. Denn nicht jede Erregung passt zu jedem Verhalten. Hinzu kommt, dass hohe Erregungslagen nicht nur unerwünschtes Verhalten wie Angst und Aggression begünstigen, sondern auch für mehr Kieferspannung sorgen und somit den Einsatz von Zähnen begünstigen. Ein wildes Spiel mit Kumpels z. B. kann auslastend, anregend und

Siehst du bei deinem Hund aufgestellte Haare am Schwanzansatz oder im Nackenbereich, zeigt das wahrscheinlich eine erhöhte Anspannung. Diese Reaktion ist nicht willentlich hervorgerufen. Die Piloerektion ähnelt der menschlichen Gänsehaut.

Ob ein Sozialspiel auslastend oder überfordernd war, zeigen die Körpersignale währenddessen, sowie die genaue Beobachtung des Hundeverhaltens auf Reize danach.

zugleich stressend und überfordernd sein. Sich auf das Gegenüber einzustellen, das eigene Verhalten anzupassen und körperlich mitzuhalten, ist sowohl auf physischer wie psychischer Ebene fordernd. Manchmal sogar so sehr, dass keine weiteren Ressourcen für nachfolgende Reize übrig sind. Fehlen uns dann Signale, die kleinschrittig bis in hohe Erregungslagen geübt wurden, kann es ohne Management, z. B. eine Schleppleine, gefährlich für den Hund und die Umwelt werden. Du denkst dir jetzt vielleicht: *„Aber gerade das Sozialspiel lastet meinen Hund aus und lässt ihn überhaupt erst ausgeglichen werden!“*
Ich finde es grandios, dass du diese Beobachtung gemacht hast, und bin mir sicher, dass diese Aussage auf deinen Hund so zutrifft. Aber die Unterscheidung von Über- und Unterforderung und damit frühe Anzeichen von Stress zu erkennen, fällt vielen Hundemenschen schwer. Gerade bei sehr jungen Hunden fällt das alles andere als leicht, da jeder Entwicklungsschub schon wieder eine ganz andere Wahrnehmung der Umwelt für den Hund bedeuten kann und Strategien fehlen, um mit Erregung passend umgehen zu können. Was gestern noch genau richtig war, kann heute schon überfordernd sein.

Mein Tipp

Ein Tagebuch wird dir Halt geben und im Nachhinein viele Verhaltensweisen deines Hundes erklären und dich dabei unterstützen, das richtige Maß an Auslastung zu finden. Außerdem kannst du so die kleinsten Erfolge eures Trainings erkennen und gebührend feiern.
Beobachten wir unseren gemeinsamen Alltag und die feinen Körpersignale unserer Hunde genauer, können wir rückblickend besser erkennen, ob Über- oder Unterforderung wahrscheinlicher ist.
Ein Tagebuch sollte nicht noch mehr Last in den Alltag bringen, halte es kurz und knapp. Zum Beispiel mit einer an dich selbst geschickten Sprachnachricht, die du jeden Abend aufnimmst.

Bewertung der Umwelt in den Entwicklungsstadien

Die Bewertung der Umwelt kann nicht nur durch (traumatische) Erlebnisse verändert werden, sondern in gewissen Entwicklungsstadien auch durch entsprechende Hormone und Umbauprozesse des Gehirns ausgelöst werden. Auch wenn diese Stadien aus Sicht der Natur Sinn machen, wenn plötzlich die Angst- und Aggressionsbereitschaft steigt, alle Sinne geschärft sind, die Körperoberfläche sensibler und die Erwartung von Bedrohungen zunimmt, um Überleben zu sichern, so ist es im Alltag für den Hund und damit auch für seine Menschen herausfordernd.

Du kannst dich bei den Tagebucheinträgen auf drei Punkte fokussieren:

– Spaziergänge/Auslastung von heute
– Negatives des Tages
– Positives des Tages

So kannst du rückblickend recht gut einschätzen, ob das Spiel mit dem Hundekumpel an drei aufeinanderfolgenden Tagen z. B. zu deutlicher Unruhe, weniger Ressourcen für Umweltreize, weniger Konzentration und zu weniger Schlafphasen geführt hat. Oder das Gegenteil ist eingetroffen und dein Hund hat endlich richtige Tiefschlafphasen zeigen können und war sehr ausgeglichen.

Ich möchte dich zum Ausprobieren bei der Beschäftigung und Auslastung deines Hundes animieren. Niemand kann dir zu deinem individuellen Hund und eurer Lebensrealität genaue Daten liefern. Das Ruhebedürfnis ist nicht nur genetischer Natur, sondern steht auch maßgeblich mit dem Stresslevel und den alltäglichen Herausforderungen in Zusammenhang. Tiefschlaf- und Ruhephasen werden mit zunehmendem Stress schwieriger, aber gerade dann gebraucht. Auf der anderen Seite rückt körperliche Auslastung, gerade bei jungen Hunden, in stressenden Phasen in den Vordergrund, damit sie den Stress „abflitzen" können. Wir können keine wissenschaftlichen Daten über das individuelle Ruhe-, Aktivitäts- und Schlafbedürfnis liefern, die genau für deinen Hund gelten. Eine Aktivitätsregel, welche sich starr auf die Lebenswochen des Hundes bezieht, ist längst überholt und wir wissen, dass körperliche nicht mit mentaler Auslastung gleichzusetzen ist.

Ich wünsche mir, dass du zu der Expertenperson deines individuellen Hundes wirst. Stelle dir immer wieder folgende Fragen:

Wie viele der wichtigen Bedürfnisse wurden heute erfüllt, konnte der Hund auch selbstwirksame Entscheidungen treffen, wurde er mental und körperlich zum Tag passend ausgelastet?

Nicht nur körperliche, auch mentale Auslastung sollte in einem passenden Maß stattfinden.

1. Bei Kenny kann ich folgende Ruhestadien feststellen: Kenny schaut angespannt nach draußen, was vor dem Fenster passiert.

2. Kenny legt zwischendurch den Kopf ab, ist aber weiterhin aufmerksam.

3. Kenny behält die Augen zu und döst am Fenster.

ERREGUNG ERKENNEN

Um die individuellen Verhaltensweisen deines Hundes besser deuten zu können, unterstützt nichts so sehr, wie die Schulung des eigenen Blicks. Foto- und Videomaterial in unterschiedlichsten Situationen können gesichtet werden und führen zu einem immer feiner werdenden Blick. Filme, z. B. bei einer kleinen Trainingseinheit mit dir, wenn dein Hund einen Hundekumpel trifft, eine interessante Spur wittert, er Besuch bei euch begrüßt oder in einer fremden Umgebung aus dem Auto steigt. Du wirst bemerken, dass dir immer früher Anzeichen und Kleinigkeiten auffallen, die dein Hund zeigt. Es geht gar nicht darum, jedes Verhalten auf die Goldwaage zu legen, sondern die Erregungslagen im Alltag zu realisieren und auch frühzeitig gegensteuern zu können. Folgende Dinge könnten dir auffallen:

– schnellere Atmung
– dein Hund hechelt mit lang aus dem Fang hängender Zunge, plötzlich zieht er die Zunge zurück und schließt den Fang
– Bewegungen werden eckiger und hektischer
– An-der-Leine-Ziehen
– Scharren
– Vokalisieren
– Desinteresse an Futter
– Futterbrocken werden unsanft aus den Fingern genommen
– schlechte Ansprechbarkeit

2

1

3

4

4. Kenny legt sich in sein Körbchen und döst dort. Im weiteren Verlauf legt sich Kenny entspannt auf die Seite und danach auf den Rücken, um tief und fest zu schlafen.

Schlafverhalten des Hundes

Auch am Schlafverhalten unserer Hunde zeigen sich vermehrter Hintergrundstress und Erregung. Liegt dein Hund normalerweise im Tiefschlaf auf dem Rücken, plötzlich liegt er aber zum Schlafen als Kringel oder gar auf dem Bauch und legt den Kopf vor sich auf den Boden, dann zeigt sich hier eine deutliche Anspannung im Alltag. Dieser sollte auf den Grund gegangen werden. Auch die Augenpartie unserer Hunde gibt uns sehr gut Aufschluss darüber, ob sie übermüdet und wie gestresst sie sind. Schläft ein Hund entspannt und ausgeglichen ein, sieht er anders aus als ein Hund, der vor lauter Erschöpfung und Überforderung einschläft.

Kennst du diese Stadien der Entspannung, die ich bei Kenny beschreibe (siehe Fotos), von deinem Hund? Versuche sie im Alltag genauer zu beobachten und zu beschreiben. Nicht nur der Schlaf und das Ruheverhalten zu Hause, auch Verhalten auf Spaziergängen oder im Garten kann so aufgelistet werden und gibt dir Hinweise darauf, wie sich beispielsweise ein Spaziergang im weiteren Verlauf entwickeln könnte und wie sich dein Hund zum aktuellen Zeitpunkt fühlt, bzw. wie erregt und angespannt er ist.

In hohen Erregungslagen tritt unerwünschtes Verhalten wahrscheinlicher auf. Wir brauchen also Strategien, um die Erregungslage zu senken. Wichtig dabei ist: es geschieht im positiven Bereich der Emotionen.

Kern-Affekt-Matrix nach Russell & Barrett (1999) und Burgdorf & Panksepp (2006)

DIE KERN-AFFEKT-MATRIX

Die Kern-Affekt-Matrix (englisch: Core affect dimensional model of emotion) ist ein Instrument zur Erfassung des emotionalen Befindens. Ich habe sie das erste Mal in einem Kurs von Dr. Ute Blaschke-Berthold kennengelernt und bin ihr für dieses Werkzeug in der Beratung von Hunden und ihren Menschen sehr dankbar. Das Model der Kern-Affekt-Matrix betrachtet Emotionen als Zustände, die in zwei Dimensionen positioniert sind. Die erste Dimension ist die Wertigkeit einer Emotion, also ob sie als positiv oder negativ, angenehm oder unangenehm, belohnend oder bestrafend empfunden wird. Auf einer Seite der Skala also aversiv, auf der anderen attraktiv. Die zweite Dimension ist die Erregungslage, die angibt, ob die Emotion mit einem niedrigen oder hohen Erregungszustand einhergeht. Die verschiedenen Punkte innerhalb dieser Matrix repräsentieren die sogenannten Kernaffekte, die im allgemeinen Sprachgebrauch als Gefühle wie Traurigkeit, Fröhlichkeit, Entspanntheit oder Ängstlichkeit bekannt sind.

KERN-AFFEKT-MATRIX

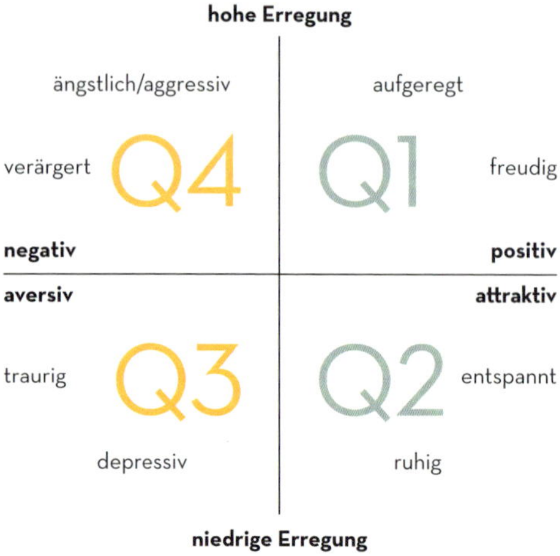

Positiver und negativer Bereich

Im linken Bereich der Abbildung befinden wir uns im „roten Bereich“ der Gefühle, also Zustände, die nach Möglichkeit selten und nicht über längere Zeiträume stattfinden und nicht beabsichtigt durch den Menschen ausgelöst werden sollten. Vielmehr möchte ich die Gefühle meines Hundes auf die rechte Seite in der Grafik lenken. Freut sich dein Hund, ist von etwas begeistert, oder rennt gerade seinem geliebten Spielzeug hinterher, ist er zeitweise hoch erregt und dabei rechts im belohnenden, positiven Bereich. Legt sich dein Hund nach einem Spiel zufrieden mit seinem Spielzeug dösend in die Sonne, ist er sehr weit unten auf der Skale der Erregung, allerdings weiterhin rechts im positiven Bereich der Wertigkeit.

Links befinden wir uns in einem Bereich, den der Hund als strafend und vermeidend empfindet. Dein Hund liegt z. B. gerade dösend im Hausflur, plötzlich beginnst du ihm das Fell zu bürsten, daraufhin erstarrt er, züngelt und zieht den Schwanz ein. Er befindet sich links unten auf der Skala. Wird er fixiert und am Verlassen der Situation gehindert, erfährt er weiterhin Druck, wird er auf der linken Seite nach oben, zu hoher Erregung wechseln. Diese Erregung lässt aggressives und damit abwehrendes Verhalten auftreten. Es wäre aber auch möglich, dass er sekundenschnell und reflexartig direkt zu abwehrendem Verhalten, also nach links oben wechselt.

Passende Alternativen

Befindet sich dein Hund links oben auf der Skala, solltest du ihn dabei unterstützen, nach rechts oben zu gelangen; danach erst ist es möglich, nach rechts unten zu kommen. Deshalb ist es ratsam zu wissen, welche Verhaltensweisen rechts oben bei deinem Hund stehen, damit wir sie für unseren Alltag nutzen können. Wir müssen passende Alternativen auf gleicher Erregung liefern, um für positive Emotionen sorgen zu können. Bedenke dabei, dass Verhaltensweisen auch an den Ort und damit an Möglichkeiten geknüpft sind, wo sie gezeigt werden. Möchtest du im Training an Verhaltensweisen zu Hause ansetzen, brauchst du eine ausgefüllte Matrix für diesen Bereich. Startest du mit dem Training im Wald, solltest du hierfür entsprechende Verhaltensweisen auf der Matrix vermerken (siehe S. 76 f.).

Mein Tipp

Wir können die tatsächlichen Gefühle unserer Hunde nicht messen, sie können uns keine direkte Selbstauskunft darüber geben. Aber ihr Verhalten, ihr Ausdruck und ihre Körpersprache können uns dabei unterstützen, nach bestem Wissen und Gewissen diese Matrix für sie auszufüllen. Auch hier unterstützen dich Fotos, Videos und das Beobachten deines Hundes, wie er in welchem Quadranten aussieht und welches Verhalten er dort zeigt.

DIE GEGEN-SPIELER

BEDÜRFNISERFÜLLUNG ALS SCHLÜSSEL FÜR ENTSPANNUNG

Entspannung ist ein Resultat aus gesteigertem Wohlbefinden. Das Schlecken an einer Tube kann mit gleichzeitigem und erwünschtem Körperkontakt positive Effekte erzielen.

Steigern des Wohlbefindens

Führen wir uns vor Augen, wie stark unsere Hunde vom Menschen abhängig sind, wie viele Entscheidungen ihnen aufgezwungen und Freiheiten genommen werden, wird deutlich, wie wichtig es ist, ihr Wohlbefinden zu berücksichtigen.

Sprechen wir über das Wohlbefinden unserer Hunde, müssen wir den Blick sowohl auf das körperliche als auch auf das emotionale Wohlbefinden richten. Gerade das emotionale Wohlbefinden sollte mehr in den Fokus gerückt werden, wenn es um gezieltes Training mit dem Hund geht, denn ein Strafreiz kann auch durch eine nachfolgende Belohnung nicht einfach ausgeglichen werden. Es ist sehr individuell, wie schnell das System nach herausfordernden Situationen wieder im persönlichen Gleichgewicht ist und wie stark das Wohlbefinden aus den Fugen gerät. Aber genau hier können wir unsere Hunde auf allen Ebenen gezielt unterstützen. Glücklicherweise gibt es allerhand Möglichkeiten, um positive Emotionen, als Gegenspieler zu Stress, im Körper zu aktivieren, ebenso wie den Alltag so zu gestalten, dass er unsere Hunde nicht überfordert und somit zu vermeidbarem Stress führt. Außerdem sollte der Alltag ausreichend Möglichkeiten für selbstwirksames Handeln bieten.

ENTSPANNUNG IM ALLTAG

Gesteigertes Wohlbefinden bringt Entspannung mit sich, genau das, was du dir für deinen Hund wahrscheinlich öfter wünschst. Aber was genau ist Entspannung eigentlich? Falls du jetzt einen Hund im Hundekissen vor deinem geistigen Auge siehst, kann ich dir sagen, dass dieser Hund entspannt sein kann, aber nicht zwangsläufig entspannt ist. **Für Entspannung braucht es einen speziellen Zustand des Nervensystems, der niemals durch Zwang und Begrenzung erreicht werden kann.** Wir wissen vom Menschen schon länger, dass Entspannung nicht unbedingt Schlaf oder das Liegen auf einer Strandliege bedeuten muss, geschweige denn durch Druck erzeugt werden kann. Vielmehr gibt es ganz individuelle Dinge, die zu Entspannung führen, oder sie wahrscheinlicher auftreten lassen. Und hier wären wir wieder beim Wohlbefinden unserer Hunde. Im ausgeklügelten physiologischen System unserer Hunde gibt es allerhand Hormone, die zu positiven

Ein Spiel mit dem Menschen kann zu späterer Entspannung beitragen. Für manche Hunde kann es allerdings zu erregend und stressend sein. Fördere positive Emotionen individuell.

Emotionen beitragen. Vor allem in exzessivem Verhalten lässt sich erkennen, dass unsere Hunde ganz genau wissen, welche Verhaltensweisen diese Hormone durch ihre Körper fließen lassen. Allen voran entwickeln schnell und chronisch gestresste Hunde diese kaum zu unterbrechenden Verhaltensweisen, weshalb das Untersagen dieser Verhaltensweisen keine hilfreiche Lösung sein kann. Die Lösung sollte die Veränderung der Lebensumstände, also dem Erkennen und Minimieren von Stress im Alltag, dem Steigern von Wohlbefinden und dem Erlernen von passenden Strategien für stressende Situationen sein.
Du kannst gezielt positive Emotionen aufbauen, z. B. durch das Fördern und Ermöglichen folgender Dinge (Voraussetzung aller ist, dass der Hund sich sicher fühlt, keinen Zwang zu Verhalten erfährt und es zur Situation passt):

- Schnüffeln
- Nahrungsaufnahme
- Spiel
- Bindungsverhalten, auch Berührung, wenn erwünscht
- Wahlmöglichkeiten, Entscheidungsfreiheit, Selbstwirksamkeit

ENRICHMENT

Das Konzept von Enrichment zielt darauf ab, das mentale Befinden unserer Hunde aktiv zu verbessern. Bei diesem Konzept geht es darum zu erkennen, was wir Hundemenschen dem Alltag hinzufügen oder anpassen können, um so das Wohlbefinden unserer Hunde zu steigern. Enrichment, also die Anreicherung, hat seinen Ursprung in Zoos. Hierbei ging es damals nicht in erster Linie darum, dass es den Tieren besser geht, sondern, dass sie weniger auffälliges Verhalten zeigen, welches Besuchspersonen abschrecken könnte. Mittlerweile ist es eine proaktive Maßnahme, mit Blick auf die speziesspezifischen und individuellen Bedürfnisse, auch wenn das für Wildtiere nicht ausreichend ist, denn nur die Wildnis ist artgerecht!
Im Bereich der Hundehaltung wird der Begriff Enrichment meist verwendet, wenn es um Veränderungen und Anpassungen geht, die sichtbare und theoretisch auch messbare Unterschiede im Wohlbefinden des Hundes bewirken.
Die Stolpersteine beim Enrichment für unsere Hunde sind das persönliche Ermessen in der Umsetzung und die persönliche Bewertung des Hundemenschen. Natürlich gibt es Unterschiede

im Verständnis darüber, was dem individuellen Hund guttut – das kennst du sicher aus dem Hundetraining, wo unterschiedlichste Tipps auf Plattformen kursieren. Es geht auch hier also nicht um Perfektion, oder darum, es als weitere Belastung im Alltag zu sehen, sondern um die Bemühung an sich, Neugier beim Ausprobieren, positive Momente zu schaffen und anzuerkennen, dass die Hundehaltung von heute an sich schon Ausgleich braucht.

Die 5 Säulen des Enrichments

Als Basis dienen die 5 Säulen des Enrichments, welche auf dem 1994 ins Leben gerufenen Tierwohlbewertungsrahmen (auch „five freedoms/domains model") beruhen:

1. Ernährung
2. Umwelt
3. Gesundheit
4. Entscheidungskontrolle und Freiheit
5. Emotionale Zufriedenheit

Die Säule **Ernährung** sichert Leben. Können Hunger und auch Durst zu jeder Zeit gestillt werden? Auch, ob alle Nährstoffe artspezifisch zur Verfügung stehen und Nahrung arttypisch aufgenommen werden kann.

Unter **Umwelt** fällt, ob dein Hund sichere Rückzugsmöglichkeiten hat, seine Umwelt sensorisch stimulierend ist und er sich in seinem Umfeld frei auf verschiedene Art und Weise bewegen kann. Auch die freie Umwelterkundung findet sich hier.

Mit der Säule **Gesundheit** ist nicht nur gemeint, ob er medizinisch ausreichend versorgt ist, sondern auch, ob Unfällen vorgebeugt wird, er schnell behandelt wird, da Krankheiten schnell auffallen und diese Behandlungen für ihn so angenehm wie möglich gestaltet werden. Hier wird ein besonderes Augenmerk auf Medical Training gelegt, also dem gezielten Training von Behandlungen mit Ankündigungen und Exitmöglichkeiten.

Bei der Säule **Entscheidungskontrolle und Freiheit** geht es darum, ob dein Hund Strategien zur Bewältigung von unangenehmen emotionalen Zuständen erlernen durfte, unangenehme Situationen vermeiden kann, wie hoch sein Maß an Selbstwirksamkeit im Alltag ist und ob er sich in Interaktionen frei ausdrücken darf.

Bei der **emotionalen Zufriedenheit** richtet sich der Blick auf das Maß von angenehmen zu unangenehmen emotionalen Zuständen. Die angenehmen Zustände sollten deutlich überwiegen.

Es geht nicht darum, nun einen Haustierbedarfsmarkt zu stürmen und allerhand Beschäftigungsmöglichkeiten zu kaufen. Vielmehr geht es darum, genauer hinzuschauen und Dinge im alltäglichen Miteinander positiv anzupassen. Enrichment ist dynamisch, da auch die Ressourcen des Tages und Bedürfnisse variabel sind. Nicht jeder Tag gleicht dem anderen, genau wie bei uns. Auch Jahreszeiten, Krankheit und Entwicklung haben Auswirkungen.

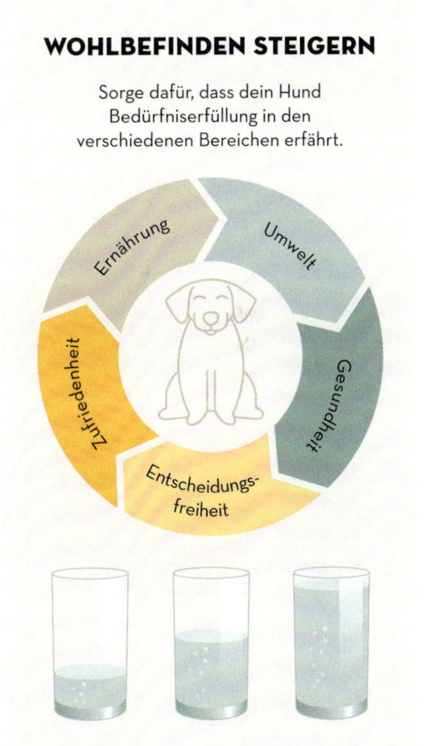

Die Summation der Säulen füllt das „Glas des Wohlbefindens" deines Hundes.

Möglichkeiten für mehr Enrichment

Du kannst durchaus mit Objekten Enrichment betreiben, wenn es dein Hund als eine Bereicherung empfindet. Überforderung soll dabei vermieden werden, ebenso müssen kontinuierlich Wahlmöglichkeiten zur Verfügung stehen (zu Enrichment mit Futter siehe S. 128 f.).

Sensorisches Enrichment umfasst alles, was auf akustischer, olfaktorischer oder visueller Ebene das Wohlbefinden steigert. Die meiste Zeit des Tages verbringen Hunde in der menschlichen Wohnung. Da ist eine Abwechslung, durch die verschiedene Sinneskanäle angesprochen werden, eine Anreicherung des Alltags. Du könntest deinem Hund z. B. einen Karton mit Blättern und Gras füllen und zum Erkunden in der Wohnung anbieten. Gerade für kranke Hunde, die sich kaum bewegen dürfen, bietet das eine Möglichkeit, gegen Langeweile anzukommen. Dem Hund werden hier Angebote gemacht, die er wahrnehmen kann, wenn er möchte. Es gibt aber keine Pflicht.

Falls dein Hund euer Auto als sicheren Hafen sieht, kannst du aus dem Auto eine Hunde-Autokino-Version machen, indem du dort parkst, wo dein Hund Reize beobachten, die Nase in den Wind halten und die Ohren spitzen kann, aber dabei nicht aufgeregt oder gar frustriert wird. Du kannst Körperkontakt und „Popcorn", also passende Snacks, dazu anbieten, so werden noch mehr Wohlfühlhormone aktiviert. Mein Hund Kenny liebt es, auf der großen Fensterbank zu liegen und Hunde-TV zu gucken. Es passiert nicht viel vor unserem

1. Kartons und eine Kiste mit Gras können die Sinne deines Hundes anregen.

2. Der Hund erkundet selbstbestimmt, ganz so, wie er möchte.

3. Die Nähe des Menschen kann Neugierde wecken.

4. Sollte dein Hund ängstlich sein, achte darauf, dass nichts umkippt und er sich erschrickt.

1

2

Fenster und der Blick geht nicht allzu weit. Ab und zu fährt mal ein Auto vorbei, oder eine Katze läuft des Weges, für ihn alles nicht aufregend, aber es regt die Sinne an. Anhand dieses Beispiels siehst du schon, dass es keine allgemeingültigen Tipps geben kann. Andere Hunde würden beim Anblick einer Katze versuchen, durch das Fenster zu kommen und durch die Barriere ein hohes Maß an Frust erleben.

Auch soziales Enrichment ist eben nur dann eine Anreicherung, wenn dein Hund Wahlmöglichkeiten und Strategien für den Ausstieg aus Interaktionen hat und er die soziale Interaktion als positiv bewertet. Laufen Sozialkontakte selbstbestimmt und jederzeit mit dem Gefühl von Entscheidungskontrolle ab, können sie das Wohlbefinden deines Hundes positiv beeinflussen. Hier sind nicht nur Hunde gemeint, auch Menschen, vor allem enge Sozialpartner.

Für manche Hunde stellt es schon eine große Veränderung dar, wenn sie plötzlich verschiedene Schlafmöglichkeiten zu Verfügung haben. Gerade für Hunde, die bisher gar keine Möglichkeit dazu hatten, oder sogar gelernt haben, dass freie Entscheidungen gefährlich sind, da sie bestraft wurden. Beobachte deinen Hund und seine Körpersprache genau, sei neugierig darauf, ihn besser kennenzulernen und gib ihm immer die Möglichkeit zum Ausstieg aus den Situationen.

Es kommt eben auf den individuellen Hund und seine aktuellen Vorlieben an. Versuche immer wieder eine Balance zwischen Lehrbuch und eurer ganz individuellen Lebensrealität zu finden.

3

4

Die passende Belohnung

Die Wahl der Belohnung entscheidet darüber, ob die Belohnung einen verstärkenden Charakter hat und in welche Richtung sie das Erregungslevel des Hundes beeinflusst.

Mein Tipp

Auch mit Essen darf man spielen. Versuche Futterbelohnungen auf verschiedene Weise zu geben. Mit mehreren Futterbrocken hintereinander, kannst du auf das Erregungslevel deines Hundes einwirken.

Du warst sicher schon einmal in einer Situation, in der du deinem Hund einen Futterbrocken angeboten hast und er nicht mal richtig daran geschnuppert hat. Oder er hat ihn zögerlich genommen und dann wieder ausgespuckt. Was viele Hundemenschen dann denken: *„Mit Futter kann ich mit meinem Hund nicht trainieren, der ist eben nicht bestechlich."* Doch das eigentliche Problem solcher Situationen ist wahrscheinlich, dass die Erregungslage und wie das Futter angeboten wird, nicht zusammenpassen. Oder die Erregungslage ist generell so hoch, dass Nahrungsaufnahme in den Hintergrund rutscht. Ein weiteres Beispiel: Dein Hund führt das Signal „Sitz" in dem Moment aus, in dem eine Person auf dem Fahrrad an euch vorbeifährt. Du lobst ihn stimmlich und gibst zusätzlich einen Futterbrocken. Doch nach der Freigabe rennt er dennoch dem Rad hinterher. Hier hat die Belohnungszeit nicht zur aufgebauten Erregung in der statischen Position gepasst. Wir können Futterbelohnungen nicht nur auf verschiedene Art geben, sondern auch die Belohnungszeit ausdehnen, indem wir mehrere Futterbrocken hintereinander geben. So kann die Erregung wieder abflachen.

SITUATIV PASSENDE VERSTÄRKER

Das Grandiose am Training über positive Verstärkung, also dem Hinzufügen eines für den Hund als positiv empfundenen Reizes, ist die Vielzahl an möglichen Verstärkern. Im Grunde kann alles, was dein individueller Hund mag, genutzt werden. Denn er bestimmt, was für ihn in welcher Situation überhaupt eine Belohnung ist. Wir sind im belohnungsbasierten

1

2

Training also nicht, wie der Mythos oft glauben lässt, immer auf Futter angewiesen. Ganz im Gegenteil, wenn dein Hund gerade einer Katze hinterherhetzen wollte, ist ein langweilig vor die Nase gehaltener Futterbrocken wohl keine Belohnung dafür, dass er abgestoppt hat. Dieser Futterbrocken ist sicher nicht der Auslöser, weshalb sich der Hund beim nächsten Mal denkt *„Stoppen und Hinsetzen waren lohnender, als die wilde Jagd hinter der Katze her"*. Bei der Entscheidung, welche Belohnung passend ist und ob sie einen verstärkenden Charakter hat, hilft uns der Blick auf das Verhalten, das der Hund eigentlich gerne gezeigt hätte. Jagen und die entsprechenden Hormone sind nicht durch einen unbelebten Futterbrocken zu ersetzen. Hier braucht es Hormone, die beim Jagen aufkommen, ebenso sollte das Bedürfnis nach Hetzen gestillt werden. Auch das heimlich entwendete Spielzeug nach einem gemeinsamen Spiel mit dem Hund, ist nicht durch einen Futterbrocken zu ersetzen. Wird diese etwas hinterhältige Taktik mehrmals angewendet, verknüpft der Hund mit dem angebotenen Futterbrocken Frust und wird in Anwesenheit eines geliebten Spielzeugs lieber kein Futter mehr annehmen.

Ein genauer Blick auf die Belohnungen hilft uns, situativ passende Verstärker anzubieten, unseren Hund besser zu verstehen und Trainingsschritte entsprechend anzupassen zu können. Denn am Ende ist es reine Mathematik: Wird das erwünschte Verhalten trotz Belohnung nicht häufiger gezeigt, war die Belohnung für diese Erregungslage und Situation nicht passend und hatte keinen verstärkenden Charakter.

1. Die Jagd hinter Futterbrocken her ist bei Hunden sehr beliebt. Allerdings erhöht man damit die Erregungslage des Hundes.

2. Das Belauern und anschließende Fangen von Futter kann je nach Hundetyp eine beliebte Belohnungsform sein. Es erfüllt ganz andere Bedürfnisse, als direkt überreichtes Futter.

Am Ende der Erregungswelle steht die ruhigste Form der Belohnungen, damit es entspannt weitergehen kann. So gewöhnt sich dein Hund daran, dass es nach der Spitze der Erregung auch wieder runtergeht.

001

Erregungswelle

In diesem Video zeige ich dir eine Erregungswelle über Belohnungsformen, nachdem der Hund die Signale beigebracht bekommen hat.

EINE ERREGUNGSWELLE SURFEN

Wir haben die Möglichkeit, über verschiedene Formen der Futterbelohnung unterschiedliche Erregungslagen zu erzeugen. Lassen wir unseren Hund gezielt eine Erregungswelle surfen – **langsam rauf, kurz oben auf der Welle verweilen und dann langsam wieder runter von der Erregung** – unterstützen wir ihn bei der Stressbewältigung durch gerichtete Aktivität. Ich hatte schon erklärt, dass die durch die Aktivierung des Stresssystems bereitgestellte Energie irgendwohin muss. Aufgezwungene, statische Verhaltensweisen führen zu einem länger aktivierten Stresssystem. Bei der gezielt gelenkten Erregungswelle lernt der Hund, dass es von oben auch immer wieder runter geht. Du wirst beim Üben merken, dass dein Hund nach und nach immer schneller wieder „runterkommt", da er den Weg erlernt hat.

Wir arbeiten dabei mit eindeutigen Signalen für die jeweilige Belohnungsform, damit sorgen wir für Erwartungssicherheit. Der Hund kann sich also darauf einstellen, was gleich kommt. Wichtig im Aufbau ist, dass wir mit Ankündigungen arbeiten. Erst wird das Signal gesagt und danach gehandelt.

Mögliche Signale

Der Erregung von unten nach oben folgend, könnten es folgende Signale sein:

– „Nimms" (für einen einfach gegebenen Futterbrocken)
– „Plumps" (für einen einzelnen Futterbrocken, der in deiner Nähe auf den Boden fällt)
– „Tube" (für die hingehaltene Tube zum Schlecken; hier ist die Belohnungszeit schon deutlich verlängert; kündige das Wegpacken der Tube bitte ebenso an, damit kein Frust aufkommt)
– „Such" (für mehrere Futterbrocken auf dem Boden verteilt; hier soll der Hund keine schwierige Futtersuche machen müssen und darüber in Frust geraten, nimm gerne größere Futterbrocken)
– „Fangs" (für einen im Bogen geworfenen größeren Futterbrocken, den der Hund aus der Luft schnappen kann; hier muss auf die Wurfhöhe geachtet werden, da einige Hunde sehr gerne und auch hoch springen würden; Springen ist auf passendem Boden völlig in Ordnung, wenn der Bewegungsapparat deines Hundes es zulässt; solltest du einen brachycephalen Hund haben, oder dir ist aufgefallen, dass dein Hund sich leicht verschluckt, würde ich diese Belohnungsform auslassen!)
– „Kegeln" (für einen weit weggeworfenen Futterbrocken; hier darf dein Hund gezielt hetzen, sich austoben und ist mit voller Motivation bei dir; beim Kegeln werfen wir auf immer der gleichen Flugbahn z. B. von links nach rechts, während wir selbst auf einer Stelle bleiben; die Vorhersehbarkeit führt dazu, dass dein Hund nach dem ersten Futterbrocken schon direkt in die andere Richtung flitzen kann, denn er weiß, wohin der nächste fliegt; außerdem können wir die Belohnungszeit variabel an die Situation anpassen).

Die Erregungswelle, über Belohnungsformen gelenkt, kann gezielt Energie abbauen.

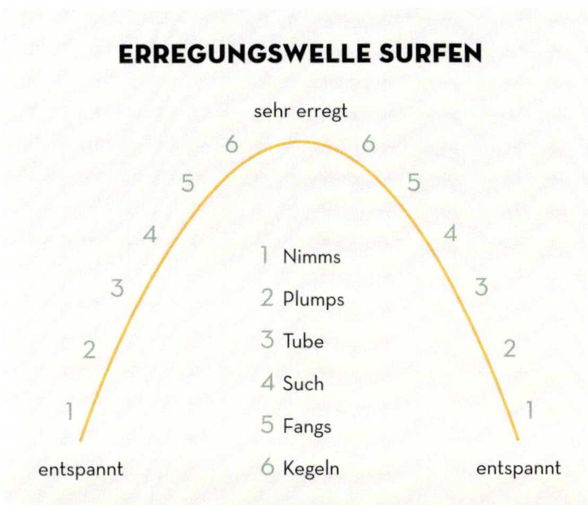

1

2

1. Gib zuerst das Signal „Plumps" und führe dann den Futterbrocken Richtung Boden.

2. Dort legst du ihn ab und dein Hund kann ihn direkt nehmen.

Aufbau der Übungen

Achte darauf, dass du die Tube oder Futterbrocken nicht schon vor dem Signal zeigst, sondern erst nach der Ankündigung zur entsprechenden Belohnung greifst und sie hervorholst.
Das Signal **„Nimms"** sagst du im Alltag, kurz bevor du deinem Hund einen Futterbrocken gibst. So etabliert es sich ganz nebenher.
Für das **„Plumps"** stellst du dich am besten auf einen Untergrund, auf dem dein Hund den Futterbrocken gut sieht. Er wird schnell lernen, dass du ihn immer in deiner Nähe fallen lässt und es nur einer ist. In hohen Erregungslagen kann es passieren, dass dein Hund versucht, den Brocken schon aus der Luft zu fangen. Hier wechsle ich gezielt die Belohnungsform zum „Fangs", um meinen Hund passender abzuholen. Dieses Signal nutze ich im Alltag sehr gerne, um meinem Hund Bodenhaftung zu geben, z. B. in Begrüßungssituationen. Du kannst deinen Hund über das Signal auch dazu bringen, kurz den Blick von einem Reiz abzuwenden.
Dein Hund schnappt direkt alles aus der Luft, statt zu warten, bis der Futterbrocken auf dem Boden angekommen ist? Dann baue das Signal über diese Schritte auf:

Schritt 1: Gib das Signal. Nimm einen Futterbrocken und führe ihn deutlich an der Nase deines Hundes zum Boden runter. Wiederhole diesen Schritt immer mal wieder.
Schritt 2: Führe den Futterbrocken wie im ersten Schritt ein Stück nach unten und lass ihn dann fallen. Stück für Stück lässt du ihn schon von weiter oben fallen.

Beim **Füttern der Tube** gibt es, neben der eindeutigen Ankündigung vor dem Herausholen, zwei Dinge zu beachten:
1. Die Menge, die herausgedrückt wird, muss zur Erregungslage des Hundes passen. Hast du das Gefühl, egal wie viel du herausdrückst, dein Hund setzt dennoch mehr Zähne als Zunge ein, solltest du die Belohnungsform wechseln. Er ist noch viel zu erregt für das Tubeschlecken.
2. Das Wegnehmen der Tube muss angekündigt werden, damit dein Hund einige Sekunden Zeit hat, sich darauf vorzubereiten. So ersparst du ihm Frust. Seine Reaktion auf die Ankündigung zeigt, wie erregt er noch ist. Nimm die Tube nicht einfach weg, falls die Ankündigung zu Erregung führt, sondern drücke nach und nach weniger.

Bei der **Suche nach Futterbrocken** gibt es je nach Größe der einzelnen Brocken und Beschaffenheit des Untergrundes unterschiedliche Schwierigkeitsstufen. Sehr kleines Futter in hoher Wiese neben ablenkenden Reizen verstreut, erfordert schon einiges an Konzentration des Hundes. Größere und gut sichtbare Futterbrocken in einem ruhigen Umfeld sind für den Einstieg, bei mehr Erregung und für die Konditionierung des Signals besser. Auch hier startest du über das eindeutige Signal, bei mir ist es „Such“, und danach verteilst du das Futter. Nach und nach kannst du die Schwierigkeit steigern, deinen Hund z. B. warten lassen, während du das Futter unter Sicht verteilst. Oder du verteilst es heimlich, um dann über das Signal die vorbereitete Belohnung anzukündigen. Du kannst deinem Hund gerne behilflich sein, wenn er frustriert wird und die Aufgabe noch zu schwierig ist. Zeige auf einen Futterbrocken und animiere ihn freundlich, weiterzumachen. Gestalte es beim nächsten Mal einfacher und steigere die Schwierigkeit schrittweise.

Futter aus der Luft fangen liest sich einfach, in der Realität brauchen die meisten Hunde dennoch einen kleinschrittigen Aufbau. Schon aus Sicherheitsgründen würde ich dazu raten, damit dein Hund sich nicht verschluckt. Bereite deinen Hund auch nach dem Aufbau immer auf dieses Spielchen mit dem eindeutigen Signal vor, indem du es erst sagst und danach den Futterbrocken aus der Tasche holst. Es gibt zwei Möglichkeiten für den Aufbau:

1. Kann dein Hund schon warten, platzierst du ihn in einem kleinen Abstand vor dir, zeigst ihm den gut sichtbaren Futterbrocken, gibst das Signal und wirfst dann zeitverzögert in einem Bogen auf deinen Hund zu.

2. Du zeigst deinem Hund den Futterbrocken, bewegst deine Hand direkt über der Nase deines Hundes nach oben, gibst das Signal und lässt erst danach den Futterbrocken von oben herunterfallen. Nicht alle Hunde verstehen direkt, dass sie den Futterbrocken fangen können – kein Grund aufzugeben, versuche es einfach weiter.

1

2

1. Gut sichtbarer Futterbrocken und Ankündigungssignal „Fang“.

2. Futter fangen will gelernt sein, manchmal braucht es etwas Übung.

3. Tubeschlecken: hochwertige Belohnung, lange Belohnungszeit.

3

1

2

3

1. Flugbahn und Aufwärmen: Starte mit kleiner Wegstrecke und gut sichtbaren Futterbrocken.

2. Flugbahn bleibt immer die gleiche Strecke, von einer zur anderen Seite. So schaffst du Erwartungssicherheit.

002

Aufbau Kegeln

In diesem Video zeige ich dir den Aufbau, so dass Alt und Jung Spaß daran finden.

Mit dem **„Kegeln"** sind wir an der Spitze der Erregungskurve und bei einem Futterspiel angelangt, das bei den meisten Hunden am beliebtesten ist und für hohe Motivation sorgt. Nutze für den Aufbau einen Untergrund, auf dem dein Hund nicht leicht ausrutscht, aber den Futterbrocken gut sieht. Hier geht es am Ende wirklich um Tempo und Strecke, die dein Hund machen darf. Die Vorhersehbarkeit der Flugrichtung ist also wichtig, ebenso wie ein gut sichtbarer Futterbrocken, der kullert. Du stellst dich vor deinen Hund, gibst das Signal „Keeeeegeeeeeln", drehst dich zu einer Seite und wirfst danach den ersten Futterbrocken weg. Sobald dein Hund dich wieder anschaut, nachdem er diesen Futterbrocken gehetzt und ergattert hat, rufst du wieder das Signal, nimmst dir einen Futterbrocken, drehst dich zur anderen Seite und wirfst den nächsten Futterbrocken entgegengesetzt von dir weg. Die Flugbahn ist dabei immer die gleiche, so kann dein Hund nach dem Fressen direkt schon wieder durchstarten, da er weiß, wohin das nächste Futter geworfen wird. Ich starte mit einem kürzeren Wurf und beende dieses Spiel mit einem kürzeren Wurf. Stell dir hier eine Art Aufwärmen und Abkühlen vor. Ich starte kurz, werfe immer weiter und weiter, einige Male darf mein Hund so richtig weit flitzen und dann wird es wieder kürzer und die Laufstrecke weniger. Je nach Platzangebot gehen ganz weite Würfe vielleicht auch mal nicht. Grundsätzlich funktioniert Kegeln auch an der Leine, dann zwar nicht ganz so spaßig, aber dennoch mit mehr Freude und Motivation als bei einem

4

5

3. Kullerndes Futter bringt noch mehr Spaß.

4. Je nach Hundetyp geht die Jagd rasant schnell – von einer Seite zur anderen.

5. Fangen – Suchen, langsam geht die Erregungswelle wieder runter.

langweilig gegebenen Futterbrocken. Hast du nach und nach alle Belohnungsformen aufgebaut, wirst du sehr schnell sagen können, welche von ihnen bei deinem Hund ganz oben steht und er schon bei der Ankündigung voller Vorfreude alles links liegen lässt. Hat dein Hund die Signale in einfachen Situationen verknüpft, denk wieder an die Schwierigkeitsstufen und arbeite dich Stück für Stück weiter nach oben. Trau dich auszuprobieren, in welcher Erregungslage dein Hund für welche Belonungsform zu haben ist. Das Ausprobieren führt dazu, dass du Situationen und deinen Hund besser einschätzen kannst. Hatte dein Hund bisher in hohen Erregungslagen kein Interesse an Futter, probiere mal das Futterkegeln mit einem ganz besonderen Futterbrocken aus. Lässt dein Hund sich darauf ein, kannst du ihn gezielt über die Belohnungsformen die Erregungswelle runter surfen lassen. Auch für eine kleine Runde Spaß und Auslastung kann ein kompletter Zyklus rauf und runter genutzt werden. Trage dir die neu dazugewonnenen Verhaltensweisen auf eurer Kern-Affekt-Matrix ein (siehe S. 66 f.).

Mein Tipp

Bei den ersten Malen, gerade auch bei Welpen, kannst du den Futterbrocken vielleicht eher in der Hocke gerade mal mit den Fingern wegschubsen. Das Verfolgen eines Futterbrockens und diesen nicht aus dem Blick zu verlieren, muss eben gelernt sein und kann nicht direkt erwartet werden.

Die Auswahl an Futterbelohnungen und der gezielte Einsatz können den Alltag unterstützen – passend zu unterschiedlichen Herausforderungen und Erregungslagen.

TOP 10 FUTTER-BELOHNUNGEN

Futter hat allerhand Vorteile, wie z. B., dass es Zugwirkung zu dir hat und sehr viele verschiedene Möglichkeiten des Belohnens bietet. Du kannst es nahezu überall einsetzen und mitnehmen, es ist also schnell verfügbar und griffbereit. Je nachdem, wie es gegeben wird, kann es dabei helfen, die Erregungslage deines Hundes zu senken. Außerdem kann es dabei helfen, die momentane Erregungslage des Hundes einzuschätzen, wenn das Lesen der individuellen Körpersprache noch schwerfällt. Denn ein erregter Hund nimmt keine harte und langweilige Futterbelohnung, oder hat die Zeit, ausgiebig in der Wiese danach zu schnüffeln. Du kannst also davon ausgehen: **Kann dein Hund keinerlei Futterbelohnung annehmen, ist er hoch erregt.**

Futterbelohnungen sollten auf keinen Fall genutzt werden, um eine Abhängigkeit zu erschaffen, indem der Hund nur Nahrung bekommt, wenn er tut, was der Mensch möchte und ansonsten leer ausgeht. Gerne kannst du etwas von der Tagesration deines Hundes abnehmen, aber Nahrung sollte nicht verdient werden müssen, sondern stellt ein Grundbedürfnis dar, über das nicht diskutiert werden darf.

Bei Hunden im Wachstum solltest du die Wachstumskurve im Blick behalten und generell rate ich dazu, hauptsächlich Alleinfuttermittel zu nutzen und Leckerli immer auf Zusätze zu kontrollieren. Bei sensiblen Hunden ist es wichtig, auf die Kohlenhydrat- und Eiweißquelle zu achten, um keine Magen-Darm-Probleme zu forcieren.

Mein Tipp

Du kannst in verschiedenen Situationen testen, welche Belohnungen dein Hund besser findet, indem du ihn auswählen lässt. Nimmt er mehrmals hintereinander einen speziellen Futterbrocken zuerst, kannst du davon ausgehen, dass er besser ist als der andere. In sehr hohen Erregungslagen fällt es allerdings schwer, auch noch Entscheidungen treffen zu müssen. Gestalte den Test also in ruhigen Emotionslagen ohne Ablenkung.

Trainingsschwerpunkte setzen

Mit verschiedenen Futterbelohnungen zu arbeiten, hat den Vorteil, auch in höheren Erregungslagen noch passende Belohnungen zu haben und gezielt Trainingsschwerpunkte zu setzen. Gibt es ein spezielles Jackpot-Futter nur dann, wenn Rehe weglaufen und der Hund stehen geblieben ist, aber nicht für allerhand anderer Verhaltensweisen, hat das Jackpot-Futter eine ganz andere Bedeutung für deinen Hund.
Auf der untersten Stufe steht z. B. das Trockenfutter, das dein Hund jeden Tag bekommt. Darüber ein anderes Trockenfutter, was ihr nur auf euren Spaziergängen dabeihabt. Grundsätzlich kann man sagen: Je weicher und geruchsintensiver ein Futter ist, desto höherwertig ist es für deinen Hund. Steigt nämlich die Erregung, steigt meist auch die Kieferspannung. Dann ist das langwierige Zerkauen eines harten Futterbrockens nicht möglich, ein weicher Futterbrocken kann aber genommen werden.
Die Belohnungsliste ist sehr individuell und von Hund zu Hund unterschiedlich. Auch eine befüllbare Tube zum Schlecken sollte nach Möglichkeit auf der Liste stehen. Du kannst eine Tube mit einem speziellen Feuchtfutter füllen, etwas Eigenes herstellen oder einfach eine fertige Tube im Zoofachhandel kaufen. Die Tube hat den Vorteil, dass die Belohnungszeit ausgedehnt ist und das Schlecken wie eine Kiefermassage zur Entspannung beitragen kann. Beißt dein Hund ins Gewinde der Tube, zeigt das wieder seine hohe Erregung, achte darauf, dass viel aus der Tube rauskommt. Es soll ihn ja schließlich entspannen und nicht frustrieren.

Locken mit Futter

Achte beim Belohnen im Training darauf, dass du das Locken mit Futter gezielt für schwierige Situationen oder für den Aufbau neuer Signale aufhebst und nicht im Alltag abnutzt. Es macht einen Unterschied, ob du das Futter vor die Nase deines Hundes hältst und ihn so ins Sitzen bringst, oder ob dein Hund sich durch das Signal „Sitz“ hinsetzen kann und du anschließend die Futterbelohnung gibst. Es ist praktisch, in Notsituationen schnell einen Futterbrocken zücken zu können und so die Aufmerksamkeit des Hundes zu bekommen. Wird er allerdings immer mit Futter gelockt, kann das zum Abwerten des Futters führen und zudem situativ negativen Einfluss auf die Erregungslage haben.

TOP 10 FUTTERBELOHNUNGEN

Was sind die Top 10 Futterbelohnungen deines Hundes?
Für welche Belohnungsform kannst du sie nutzen?

	Futter	Belohnung
1.		
2.		
3.		
4.		
5.		
6.		
7.		
8.		
9.		
10.		

EIN TRAUMTAG DEINES HUNDES

Stell dir einen Tag vor, an dem dein Hund machen kann, was er möchte. Die Haustür steht offen, oder er wird in seinem Lieblingsgebiet freigelassen. Würde er sich nun trauen, zu tun und zu lassen, was er möchte, was genau würde er alles tun? Wir sind uns hoffentlich einig, dass es genau solch ein Szenario nicht geben wird, denn wir tragen für unsere Hunde und die Umwelt Sorge. Aber die Vorstellung hilft uns dabei, die Bedürfnisbefriedigung unserer Hunde in einem anderen Licht zu sehen.

Stelle dir folgende Fragen:
– Welche Hobbys hat mein Hund? Bei welchen spiele ich eine Rolle, bei welchen andere Sozialpartner oder die Umwelt?
– Welche Verhaltensweisen sind für mich, die Umwelt und meinen Hund in Ordnung? Welche nur für meinen Hund und deshalb im Alltag nicht einfach umsetzbar?
Überlege dir so genau wie möglich, in welcher Umwelt welche Hobbys, mit wem oder was stattfinden, beziehe bei deinen Überlegungen auch die unterschiedlichen Jahreszeiten oder Tageszeiten mit ein. Denn durch

Alle Zeit der Welt für intensives Schnüffeln, ohne wiederholt zum Weitergehen animiert zu werden. Im Alltag nicht immer machbar, aber es sollte gezielt ermöglicht werden.

die Veränderungen der Umwelt verändern sich auch die Verhaltensweisen unserer Hunde. Auch die Wohnung sollte miteinbezogen werden – hier verbringen unsere Hunde sehr viel Zeit des Tages und es ist wichtig zu wissen, wie hier ein Tag ohne Verbote für deinen Hund aussehen würde. Wo findet sich hier Bedürfnisbefriedigung?
Die gedankliche Reise durch einen grenzenlosen Tag unserer Hunde zeigt uns meist mehr als nur ihre Vorlieben und Bedürfnisse. Es macht oftmals erst sichtbar, was im Alltag alles nicht möglich oder sogar verboten ist. Je nach Wichtigkeit müssen hier funktionale Alternativen gefunden werden, um Frust im Alltag auszugleichen. Du kannst Spazierwege vielleicht auch mit anderen Augen betrachten, wenn deutlich wird, wie viel Frustrationslast gewisse Routen mit sich bringen, weil der Hund überall könnte, aber eben nicht darf. Außerdem wird deutlich, womit und wie wir gezielt zum Wohlbefinden unserer Hunde beitragen können. Nämlich mit all den Dingen, die sie liebend gerne tun, die erlaubt sind und gerne mit uns gemeinsam stattfinden. Und das sollten wir sortiert festhalten.

Manche Hunde genießen es, Umweltreize beobachten zu können. Hat der Mensch eher den Fokus auf Wegstrecke, kann dieses Bedürfnis unerfüllt bleiben.

Eine gut ausgestattete Gassitasche hilft dabei, Hobbys, die von uns ausgehen, gezielt anbieten zu können. Das sorgt für Wohlbefinden und bringt auf uns gerichtete, positive Aufmerksamkeit.

TOP 20 VERHALTENSWEISEN

Auch wenn bei dieser Liste von Top 20 Verhaltensweisen die Rede ist, sei bitte nicht eingeschüchtert davon, wenn du mit deinem Hund aktuell gerade mal zwei Dinge auf die Liste schreiben kannst. Es geht darum, deinen Hund besser zu verstehen, kontextspezifisch belohnen zu können und sein Wohlbefinden zu steigern. Dass ein Angsthund ganz andere Dinge im Fokus hat, als Hobbys in der Umwelt zu finden, ist klar. Auch wenn du deinen Hund erst ein paar Tage kennst, kann es schwerfallen, Hobbys von ihm aufzuschreiben. Diese Liste ist keineswegs starr. Sie verändert sich meiner Erfahrung nach nicht nur mit den Jahreszeiten, sondern auch ganz natürlicherweise mit dem Alter und situativ über die Tagesform und Ressourcen. Ein Senior hat völlig andere Interessen als ein Jungspund, der nicht weiß, wohin mit all seiner Energie. Ein Hund, der in der Umwelt entspannt ist, kann ganz anders mit seiner Umwelt in Interaktion treten als ein Hund, der ständig hoch erregt ist, sobald er vor die Tür geht. Wenn du mit diesem Buch arbeitest, die Übungen und vorgeschlagenen Änderungen Stück für Stück in euren Alltag einfließen lässt, wird dir mit Sicherheit auffallen, dass die Liste immer wieder erneuert werden kann. Und genau dazu möchte ich dich einladen: Überdenke die Liste immer wieder neu und nimm die Veränderungen wahr. Du kennst deinen Hund am besten und vielleicht kann er mittlerweile viel entspannter in der Umwelt unterwegs sein. Was sich lohnend anfühlt und was verstärkenden Charakter hat, bestimmt am Ende eben dein Hund.

Auf was kannst du achten?

Beim Ausfüllen der Liste kannst du dir vermerken, welche der Interaktionen mit dir stattfinden, welcher Leckerbissen ganz genau wie gegeben wird, oder welches Spielzeug dein Hund ganz besonders liebt, wo er ganz intensiv schnuppert, welcher Untergrund dazu führt, dass er umherflitzt oder sich wälzt, bei und nach welchen Hobbys er welche Erregungslage hat. Sei ganz detailliert beim Anfertigen der Liste, dann kannst du die Dinge auch gezielt nutzen. Sortiere sie nach Wichtigkeit im Sinne deines Hundes. Was würde er auf Platz 1 schreiben? Die gedankliche Reise durch einen Traumtag deines Hundes unterstützt dich dabei, denn uns wird klarer, was deinem Hund in der Umwelt wichtig ist. Jeder Hund hat individuelle Hobbys. Durch diese Liste werden die Quadranten der Kern-Affekt-Matrix angefüllt.
Hat dein Hund zu Hause Ängste, fürchtet sich vor etwas, oder hat generell Probleme damit, zur Ruhe zu finden, würde ich dir empfehlen, außerdem eine Liste für die Wohnung anzufertigen. Achte hier vor allem auf die Zimmer, in denen ihr euch die meiste Zeit vom Tag aufhaltet und beschreibe wieder genau die Erregungslage bei den unterschiedlichsten Beschäftigungen deines Hundes. Auch hier kannst du vermerken, welche Verhaltensweisen mit dir und welche ohne dich stattfinden.
Sind die Ressourcen an einem Tag mal knapp und muss eine bestmögliche Schnittmenge für alle Beteiligten gefunden werden, kannst du gezielt auf der Liste oben anfangen und die liebsten Hobbys deines Hundes nutzen, um für mehr Ausgeglichenheit und Wohlbefinden zu sorgen.

TOP 20 VERHALTENSWEISEN

Notiere die Top 20 Verhaltensweisen deines Hundes. Am besten führst du unterschiedliche Listen für Wald, Feld, Stadt etc. Denn hier finden unterschiedliche Verhalten statt. Es schult den Blick, womit der Hund sich wo beschäftigt und wie genau Umwelterkundungen betreibt.

1.
2.
3.
4.
5.
6.
7.
8.
9.
10.
11.
12.
13.
14.
15.
16.
17.
18.
19.
20.

Auch Verhaltensweisen, die wir Menschen als unpassend oder unerwünscht einstufen, können nach Anfertigen der Top Listen leichter entschlüsselt werden. Jedes Verhalten hat eine Funktion und durch das Durchlesen der Bedürfnis- und Hoobyliste wird dir wahrscheinlich deutlicher, wo dein Hund gerade Bedürfnisbefriedigung braucht. Kommt es aus dem Bereich Soziales, wie z. B. Spiel, oder aus dem Bereich Futtererwerb, mit allem, was dazu gehört? Dann kannst du über die Top Listen eine entsprechende Auswahl treffen und gezielt Bedürfnisse erfüllen.

Sozialspiel mit Spielzeug

Ein Thema, das häufig zu Unsicherheit führt, ist das gezielte Sozialspiel mit Spielzeug. Der Rat ist meist, dass leicht erregbare Hunde, die sehr gerne und auch exzessiv spielen, lieber nie mit Spielzeug belohnt oder beschäftigt werden sollten. Es ist richtig, dass nicht arglos mit einem durch Spiel hoch erregten Hund in reizüberfluteter Umwelt weiter spaziert werden sollte, als wäre nichts. Sogenannte High-drive-Hunde, also solche, die schnell und leicht erregbar sind, können aber sicher nicht ein Leben lang gedimmt und auf Sparflamme durch unsere Umwelt geführt werden. Die Umwelt liefert diesen Hunden mit ihren feinen Sinnen ausreichend Möglichkeiten, um das Belauern, Hetzen, Verfolgen und Packen von Beute auszuleben. **Statt zu unterdrücken, sollte gezielt geübt werden, mit hohen Erregungslagen umgehen zu können und sie mit passenden Verhaltensweisen in Bahnen zu lenken.**
Eine gute Möglichkeit bietet hier die besprochene Erregungswelle über die Belohnungsformen. Du solltest also durchaus auf der Top 20 Liste deines Hundes auch „Beutespiel" eintragen, wenn ihm das wichtig ist.

1. Baue Spiel mit Spielzeug in einem sicheren Rahmen auf. Hole dir bei Ressourcen-Thematiken unbedingt Hilfe.

2. Spielsignale für z. B. „Zerren", „Werfen" und „Lauern" bringen das gemeinsame Spiel auf ein individuelles und verbundenes Level.

3. Zur aktiven Stressbewältigung über Spiel gehört auch, dass vorab geübt wurde, die Erregungslage wieder zu senken.

1

2

»Das isometrische Anfassen ist die Brücke zwischen höchster Erregung, Anspannung und Autopilot, hin zu Ansprechbarkeit und zum Menschen gerichteter Motivation.«

Dr. Janey May

Sortiere Spielzeug nach Erregungsniveau, das abhängig ist von Spielzeugart und -beschaffenheit. Achte darauf, in einem sicheren Rahmen, also angeleint oder mit Zaun drumherum, zu spielen und beginne auf dem niedrigsten Erregungsniveau. Du solltest deinen Hund, wie bei der Erregungskurve besprochen, auf der entsprechenden Ebene mit einer passenden Futterbelohnungsform abholen und ihn beim Surfen der Erregungskurve unterstützen. Erst wenn er wieder unten ist, macht es Sinn, den Spaziergang fortzuführen.

3

ISOMETRISCHES ANFASSEN

Vielleicht hast du dir beim Lesen der letzten Absätze gedacht, dass es schon mal gut ist, dass es mehr als nur Futterbelohnungen gibt, dein Hund sich aber in gewissen Situationen auf gar nichts einlässt und du überhaupt keinen Zugang zu ihm findest. Genau in diesen Situationen läuft man Gefahr, zu hemmenden Methoden zu greifen und „durchzugreifen", da alles andere ja nicht fruchtet. Das Schöne ist, dass Säugetierhirne am Ende alle gleich funktionieren und mit dem richtigen Verständnis und Wissen, und der Bereitschaft, dem Hund Zeit zu geben, gezielte Begleitung stattfinden kann, so dass der Hund wieder ansprechbar wird und für Interaktionen mit dem Menschen motiviert ist. Das isometrische Anfassen unterstützt mit dem richtigen Aufbau dabei, dass dein Hund Angebote von dir überhaupt wieder wahrnehmen kann. Während dein Hund diese Übung mit dir macht, kann er weiterhin Reize in der Umwelt beobachten, ist mit seiner Aufmerksamkeit aber geteilt, da er sich auch auf seinen Körper konzentriert.

1

Ziel der Übung

Ziel der Übung ist es, dass sich dein Hund bewusst gegen deine Hand drückt. Im weiteren Verlauf kann dein Hund in stressenden Situationen im Alltag sogar selbstkompetent nach dieser Hilfe „fragen", indem er sich z. B. zwischen deine Beine stellt und mit seinem Körper Druck aufbaut, oder sich an deinen Beinen hin- und herreibt. Viele Hunde nutzen sogar ein ähnliches Verhalten zur Selbstregulation nach stressenden Ereignissen, wenn sie sich an Hecken oder Hauswänden abreiben, oder auf dem Bauch über den Boden rutschen.

Aufbau der Übung

Durch einen kleinschrittigen Aufbau kann das isometrische Anfassen nach und nach auch in höheren Erregungslagen genutzt werden.

Umgebung: Der Start ist wie immer in einer reizarmen und sicheren Umgebung zu wählen, am besten in der Wohnung.

Signal: Wir brauchen ein eindeutiges Signal für diese Übung, denn gerade in hoher Anspannung reagiert dein Hund vielleicht mit Abwehr, wenn etwas ohne Ankündigung auf der Körperoberfläche passiert. Wir möchten aber gerade in einer eh schon angespannten, vielleicht sogar gleich überkochenden Situation nicht, dass die unangekündigte Berührung als Schreckreiz das Fass zum Überlaufen bringt. Ich benutze das Wort „Schulter", da ich den Aufbau im Schulterbereich beginne. Das eindeutige Signal gibt deinem Hund nicht nur Vorhersehbarkeit, sondern auch Mitspracherecht. Denn nur wenn die Berührung erwünscht ist, werden auch entsprechende Wohlfühlhormone ausgeschüttet.

Bevor du startest, überlege dir bitte, ob dein Hund in Trainingssituationen auf neue Signale und das Gefühl *„mein Mensch will etwas von mir, ich habe keine Ahnung, was nun kommt"* mit deutlichem Stress oder Ängstlichkeit reagiert. Dann solltest du dieses Signal besser im Alltag einfangen, wenn du deinen Hund gerade eh kuschelst, oder er sich sogar an dich drückt.

Beginn: Beim Aufbau von neuen Signalen, bei denen wir die Körperoberfläche des Hundes berühren, gilt immer folgende Regel: Wir beginnen mit der rechten Körperhälfte, da wir so die linke Hirnhälfte ansprechen.

Mein Tipp

Setzt du das isometrische Anfassen vorbeugend ein, sobald du bemerkst, dass Situationen herausfordernder werden, wird dein Hund künftig Körperkontakt zu dir auch von sich aus aufsuchen. Er hat die Lernerfahrung gemacht, dass er sich dadurch wohler fühlt.

2

1. Die Hand wird durch ein Signal angekündigt und erst danach zum Hund bewegt. Die andere Hand wartet mit der Belohnung auf dem Rücken.

2 Bei der Belohnung bleibt die Hand noch am Hundekörper, bis der Futterbrocken abgeschluckt ist.

Diese kümmert sich um die Verarbeitung vertrauter Reize, was beim Neuaufbau unterstützend sein kann. Ich starte diese Übung in der frontalen Position, allerdings hockend oder sitzend und nicht stehend über den Hund gebeugt. Der Hund kann dabei stehen oder sitzen, ganz wie er möchte.

Schritt 1: Ankündigung mit der Annäherung der Hand verknüpfen

Du hast beide Hände bei dir, gibst das Signal, z. B. „Schulter“, ohne dabei deine Hand zu bewegen. Erst nachdem du das Signal gesagt hast, beginnst du damit, deine linke Hand Richtung rechte Schulter deines Hundes zu bewegen. Achte darauf, dass diese Bewegung für deinen Hund völlig in Ordnung ist. Bei manchen Hunden kann man die Hand direkt bis zur Schulter führen, bei anderen bleibt sie deutlich davor, weil der Hund sonst Unwohlsein zeigen würde. Wo auch immer der Punkt ist, du setzt das Markersignal/Click, behältst die Hand starr genau dort und reichst deinem Hund mit der anderen Hand eine Futterbelohnung. Erst, wenn er diese geschluckt hat, ziehst du die Hand zurück und beginnst von vorne. Das Markersignal, also das Versprechen auf eine Belohnung, soll ja nicht ankündigen, dass die Hand wieder verschwindet, sondern die Hand ist der Grund für die Belohnung. Diesen Ablauf wiederholst du, auch gerne über mehrere Tage in sehr kleinen Trainingseinheiten, so lange, bis du deine Hand vollständig auf der Schulter ablegen kannst. Achte darauf, dass deine Hand flach ist und die Finger sich nicht nach innen krümmen. Dann wechselst du die Seite und landest mit deiner rechten Hand auf der linken Schulter deines Hundes.

1

2

1. Übt man langsam Druck auf die Schulter aus, stellen sich viele Hunde gerne hin. Dein Hund darf die Position frei wählen.

2. Nachdem dein Hund diese Übung im Schulterbereich kennengelernt hat, kannst du die Hinterhand mit einbeziehen.

Schritt 2: Langsam Druck aufbauen

Wie zuvor startest du mit der Ankündigung „Schulter", näherst erst danach deine linke Hand an und legst sie auf die rechte Schulter deines Hundes. Nun baust du sehr zaghaft Druck auf, achte wieder darauf, dass deine Hand flach bleibt und dein Hund sich wohlfühlt. Setze dein Markersignal genau in dem Moment, in dem du den Druck aufbaust. Wie zuvor belässt du die Hand genau dort und gibst mit der anderen Hand die Futterbelohnung. Erst nachdem das Futter abgeschluckt ist, ziehst du deine Hand weg. Nach und nach kannst du mehr Druck aufbauen und wirst spüren, dass dein Hund sich irgendwann gegen deine Hand lehnt. Viele Hunde stellen sich dafür lieber hin, um den Druck besser ausgleichen zu können. Achte im weiteren Verlauf darauf, genau beim Gegendruck deines Hundes das Markerwort zu sagen, damit er das Ziel der Übung verstehen kann. Du kannst nach und nach die Zeit bis zum Markerwort ausdehnen und mit der Hand länger Druck aufbauen, oder Druck aufbauen, etwas nachlassen, wieder aufbauen, etwas nachlassen ... So gleicht es einem Pumpen an der Schulter deines Hundes und du kannst sehr gut beobachten, wie er dies ausgleicht und seine Muskeln an- bzw. entspannt.

Schritt 3: Die Hinterhand miteinbeziehen

Auch hier starten wir wieder auf der rechten Körperseite des Hundes und dem Ablauf wie bei Schritt 1 und 2, nur mit dem Hüftbereich, statt der Schulter deines Hundes. Du kannst gerne ein weiteres Signal einsetzen oder aber für die Gesamtheit dieser Übung – rechte Schulter, rechter Hüftbereich, linker Hüftbereich, linke Schulter – das Signal „Schulter" beibehalten.

Hier kommt es darauf an, wie lange du für den Aufbau brauchst und wie sensibel dein Hund ist. Einige Hunde sind, was ihre Körperoberfläche anbelangt, so entspannt, dass man schon innerhalb der ersten Trainingseinheit Druck aufbauen kann, andere brauchen hierfür mehrere Wochen.
Wie in Schritt 2 beschrieben, kannst du nach und nach entweder den Druck länger halten, oder im Wechsel mit Druck – Druck nachlassen, arbeiten. Achte darauf, nie mit einem Arm über den Rücken deines Hundes zu greifen. Deine linke Hand geht zur rechten und deine rechte Hand zur linken Körperhälfte deines Hundes.

Wichtig

Achte darauf, nicht über deinen Hund zu greifen, wechsle mit den Seiten auch die Übungs- und Belohnungshand.

Schritt 4: Kreis formen

Nun kannst du alles zusammensetzen und eine Art Kreis formen – rechte Schulter, rechte Hinterhand, linke Hinterhand, linke Schulter.

Schritt 5: Umgebung wechseln

Hat dein Hund diese Übung verstanden, kannst du damit beginnen, die Umgebung schwieriger zu gestalten. Als ersten Schritt kannst du z. B. den Garten, den Balkon oder einen sehr gut bekannten Bereich draußen ohne starke Reize aufsuchen. Achte genau auf deinen Hund, denn nur weil es drinnen ohne Ablenkung schon klappt, muss es das draußen mit mehr Ablenkung nicht unbedingt. Gestalte die Übung so leicht, dass dein Hund Erfolg hat und sich wohlfühlt.

Du kannst das isometrische Anfassen auf Pausestationen nutzen (siehe S. 112 f.), oder während dein Hund in der Entfernung Reize beobachtet, auch gerne zu Hause nach dem Zurückkommen von Spaziergängen, als Brücke zum Ruhen. Nutze das isometrische Anfassen vorbeugend, damit dein Hund gar nicht erst die Nerven verliert. Achte dafür auf körpersprachliche Anzeichen von ihm, um frühzeitig mit der Übung zu beginnen. Auch unvorhergesehene Situationen kannst du über das isometrische Anfassen positiver gestalten, dein Hund kann nach der Aufregung so besser runterfahren. Außerdem können entspannte Situationen auf Spaziergängen entstehen, in denen dein Hund Körperkontakt genießt und gekuschelt werden möchte. Nimm dir für diese Situationen ausreichend Zeit, vor allem, wenn dein Hund die Zeit draußen in der Vergangenheit meist mit Anspannung und Erregung verknüpft hat.

Konditionierte Signale

Hunde sind sehr gut darin, Schnittmengen zu erstellen, Kausalketten zu erkennen und die kleinsten Körpersignale von uns deuten zu können. Das machen wir uns im Training mit Hunden zunutze, es macht das Zusammenleben entspannter und sicherer.

Ich bin mir fast sicher, die Türklingel von euch führt zu einem speziellen Verhalten und einer veränderten Erregungslage deines Hundes. Auch viele weitere Situationen, erlernte Kausalketten, also Erwartungen, Gerüche und Geräusche nehmen Einfluss auf die Erregungslage deines Hundes. Außerdem werden Signale wie „Sitz", „Platz" oder „Hier" beim Aufbau und Nutzen nicht nur mit dem erwünschten Verhalten, sondern ebenso mit Emotionen und Erregungslagen verknüpft. Es ist nicht möglich, den ganzen Tag alles vorauszusehen und im Blick zu behalten. Aber wir können durchaus darauf achten, mit welchen Emotionen wir Signale im Aufbau und alltäglichen Nutzen verknüpfen, in welchen Situationen wir welche Signale abfragen und wo sich im Alltag Möglichkeiten ergeben, hohe Erregungslagen gar nicht erst auszulösen. **Signale liefern also mehr Informationen, als uns Menschen vielleicht bewusst ist.** Lass uns deshalb mal genauer hinschauen.

WAS SAGEN UNS SIGNALE?

Signale können einen **Zwiespalt erzeugen** und dadurch die Erregungslage erhöhen. Ein Beispiel für einen Zwiespalt wäre folgende Situation: Dein Hund belauert gerade ein jagdbares Objekt, genau dann rufst du ihn zu dir. Das Umdrehen und Abstand-zum-Objekt-Aufbauen ist das genaue Gegenteil von dem, was dein Hund gerade tun möchte. Durch den erzeugten Zwiespalt kommt es zu einer Erhöhung der Erregungslage und der Hund trifft wahrscheinlich eine impulsive Entscheidung. Meist die, die wir uns nicht wünschen. Signale können mit **negativen Gefühlen** verknüpft sein, z. B., wenn diese mit einer Strafe, Angst, Druck, Zwang und Schmerzen, also negativen Emotionen verbunden sind. In der Folge reicht das Signal alleine aus, um die Erregungslage durch die Erwartung der Strafe zu erhöhen.
Typischerweise sind Spielsignale, die Ankündigung zum Spaziergang oder andere Worte, die Vorfreude auslösen, mit einer hohen Erregungslage verknüpft. Ebenso kann auch **Entspannung** mit Signalen verbunden sein, so dass sie die Erregungslage senken. Auch passende **Reizteilung** kann zum Absinken der Erregungslage führen. Für beides wäre das isometrische Anfassen ein Beispiel.

Signale positiv aufbauen

Merke dir am besten, dass hohe Erregungslagen unerwünschtes Verhalten, Angst und Aggression wahrscheinlicher auftreten lassen, weshalb wir darauf achten sollten, Signale mit Bedacht und positiven Emotionen aufzubauen und im Alltag bewusst zu nutzen. Außerdem solltest du zusätzlich Signale aufbauen, die mit Entspannung und positiven Emotionen verknüpft sind, um euch in eurem gemeinsamen Alltag unterstützen zu können.

Signale, die mit Ruhe und positiven Emotionen verknüpft sind, wie z. B. das isometrische Anfassen, können auf Spaziergängen zu entspannten Momenten voller Verbundenheit führen.

Signale immer wieder aufladen

Im Alltag kann es durchaus passieren, dass Signale unbedacht einige Male hintereinander in Situationen gesagt werden, in denen sie einen Konflikt auslösen, weil z. B. beides, weiter Buddeln und der Super-Rückruf, sehr hochwertig ist. Nach und nach wird das Signal durch solche Situationen abgewertet, oder ein Ruhesignal wird plötzlich zu einem Signal, das Erregung erzeugt, weil es zu oft in erregenden Situationen eingesetzt wurde. Deshalb solltest du wichtige Signale eures Alltags immer wieder auf die Ladestation legen. So wie du dein Handy aufladen musst, musst du es auch mit wichtigen Signalen machen. Du nutzt das Signal also wieder gezielt in ruhigen Erregungslagen und verknüpfst es mit Entspannung, oder rufst den Super-Rückruf in Situationen, in denen dein Hund gerade nichts anderes tut.

Signale, die für deinen Hund eine eindeutige Bedeutung haben, erhöhen die Sicherheit und führen dazu, dass er mehr Freiheiten in der menschlichen Umwelt genießen kann. Sie binden allerdings auch die Aufmerksamkeit deines Hundes. Unser menschliches Bedürfnis nach Sicherheit kann an manchen Tagen dazu führen, dass der Hund zu wenig „Hundefreizeit“ in der Umwelt genießen kann und zu oft über Signale in der Aufmerksamkeit gehalten wird. Solche Tage haben wir alle, vor allem nach negativen Erlebnissen. Machen wir uns das bewusst, können wir gezielt Ausgleich dafür schaffen und auf dem nächsten Spaziergang wieder für mehr Freizeit sorgen.

MADE TO ROAM

SPASS ALS TEAM

Mit Planung zu mehr Spaß miteinander

Menschen mit Hunden, die schnell auf ihre Umwelt reagieren, oder von vielen Reizen schnell überfordert sind, kennen es zu gut: die Gedanken vor dem Spaziergang über die beste Uhrzeit, den besten Ort und alles, was unvorbereitet passieren könnte.

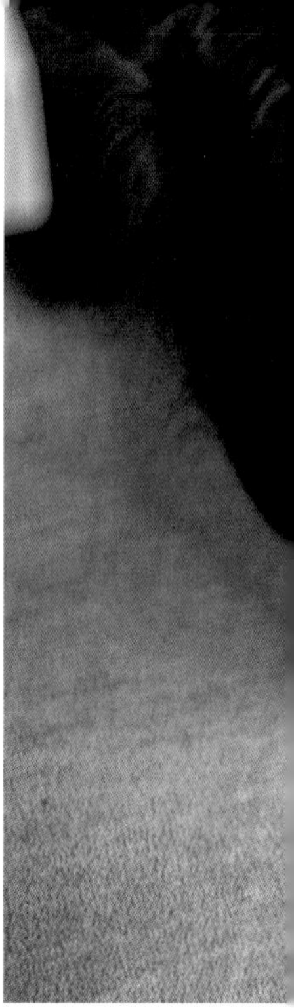

Mein Wunsch ist, dass du aus diesem Gedankenkarussell aussteigst und mit ein wenig Vorbereitung die Zeit mit deinem Hund draußen genießen kannst.
Hast du dir mal überlegt, wichtige Bedürfnisse deines Hundes schon vor dem Spaziergang zu erfüllen? Gerade für junge Hunde ist die Zeit zu Hause eher langweilig und selten Möglichkeit, um viele hundliche Bedürfnisse erfüllen zu können. Langeweile erzeugt Frust und damit hohe Erregung. Ist dein Hund zusätzlich gewohnt, dass der Start des Spaziergangs noch mehr Frust mit sich bringt, weil er z. B. akkurat an lockerer Leine laufen muss, viel korrigiert wird, eventuell sogar an allerhand Artgenossen hinter Gartenzäunen vorbeilaufen und seine Bedürfnisse weiterhin zurückhalten muss, ist es nicht verwunderlich, dass so ein Start mit hoher Erregung einhergeht. Es lohnt sich also, hier genauer hinzuschauen. Auch ein Toilettenplatz in direkter Umgebung kann dabei unterstützen, den Start von Spaziergängen entspannter zu gestalten.

TÄGLICHE HERAUSFORDERUNGEN

Du kennst deinen Hund am besten, deshalb weißt du sicher genau:
– ob er Probleme mit neuen und ihm unbekannten Wegen hat;
– ob Übergänge für ihn eine Herausforderung darstellen, z. B. der Weg aus dem Haus oder Auto raus in die Umwelt, möglicherweise der Moment aus einem dicht bewachsenen Wald auf eine Fläche mit weiter Sicht.
Wenn du dir diese Momente klar machst und sie erkennst, kannst du deinem Hund genau dort Hilfestellungen geben und diese Momente, soweit es geht, mit Bedacht in eurem Alltag planen, sodass sie nicht tägliche Herausforderung bedeuten.
Dein Hund ist sehr aufgeregt, sobald ihr zur Haustür rausgeht und du hoffst immer, dass nicht genau in diesem Moment noch ein Reiz vor der Tür wartet? Dann solltest du nun auf die folgenden Punkte achten:
– Vor dem Losgehen nimmst du dir Zeit für eine oder mehrere Erregungswellen über die Futter-

Indoor-Spielzeit hilft dabei, angestaute Energie gerichtet abzubauen.
So gestaltet sich der Start von Spaziergängen oftmals deutlich ruhiger.

003

Bedürfnisse erfüllen

In diesem Video zeige ich dir, wie du schon vor dem Spaziergang, mit gezielter Bedürfniserfüllung, für mehr Entspannung auf dem Spaziergang sorgen kannst.

belohnungsformen. Egal, ob im Hausflur, dem Garten, der Tiefgarage oder im Hochhaus im obersten Stockwerk, es findet sich immer ein Platz, wo man, mit Bedacht und dem Untergrund angepasst, gerichtet Energie loswerden kann.

– Auch eine Futterlandschaft kann vor dem Spaziergang das Wohlbefinden steigern und zu mehr Ausgeglichenheit führen (siehe S. 128 ff.).

– Eine Dummy- oder Futtersuche in der Wohnung oder dem Garten, ein Spiel im Wohnzimmer oder eine entspannende Massage und Kuschelzeit mit dir – was es auch immer ist, achte bitte darauf, das Wohlbefinden deines Hundes zu steigern und ihm wichtige Bedürfnisse schon vor eurem Spaziergang zu stillen. Niemand kann einem vorschreiben, dass diese Dinge nur außerhalb der Wohnung, oder auf dem Spaziergang stattzufinden haben. Ich achte allerdings darauf, dass ich Ruheräume, wie z. B. mein Büro oder das Schlafzimmer, nicht mit diesen Tätigkeiten verknüpfe und über saubere Signale/Ankündigungen kommuniziere, damit mein Hund weiß, wann wir was machen.

– Gib deinem Hund am Übergang viel Zeit, um die Umwelt zu beobachten, und überlege für dich, wie es möglich ist, auf Korrekturen und Gemeckere zu verzichten. Nach dem Öffnen der Haustür könntest du dich erst einmal hinhocken, ihm Körperkontakt ermöglichen, falls er das möchte, oder ihn an einer Tube schlecken lassen, während er sich in der Umwelt umschaut, Leckerlis fangen, oder auf einem Spielzeug herumkauen lassen. Oder es ist ein passender Moment für das isometrische Anfassen.

– Den Übergang manchmal auch einfach meiden, kann dazu führen, dass ihr beide mehr Energie für die anderen Tage am Übergang habt. Du kannst deinen Hund z. B. im zuvor trainierten Fahrradanhänger oder Fahrradkorb transportieren oder im Buggy schieben, anstatt die ersten Meter zu Fuß zu gehen. Oder aber du fährst an gewissen Tagen mit dem Auto in ein ruhiges Spaziergebiet. All das entlastet die Erwartungshaltung, dass Spaziergänge richtig anstrengend sind und in hoher Erregung stattfinden.

Gerade Hunde mit sehr feinen Sinnen profitieren davon, direkt vor Spaziergängen einen Snack zu erhalten.

DER BLICK AUF BEDÜRFNISSE

Über die Top-Listen hast du deinen Hund besser kennengelernt und Bedürfnisse nach Wichtigkeiten sortiert. Du kannst nun also besser einschätzen, in welcher Umwelt dein Hund welche Bedürfnisse befriedigen möchte und welche ganz besonders wichtig sind. Gewisse Bedürfnisse, wie z. B. das Hetzen von Tieren, können und dürfen unsere Hunde auf Spaziergängen nicht ausleben. Der Blick auf Konflikte und damit einhergehend Frust hilft dir dabei zu entscheiden, wo und wie oft du gewisse Spazierwege einplanen kannst und auch, dass dein Hund davon entsprechende Pausen braucht. Denn selbst die beste Alternative ist am Ende nicht das Original und summiert sich auf. **Achte darauf, dass dein Hund die Zeit draußen nicht mit Frust, ständiger Kooperation und Verboten verknüpft, sondern mit Wohlbefinden, da er viele seiner Bedürfnisse erfüllen kann.** Je nachdem, wie viel Zeit für den Spaziergang im Alltag ist, können mehr oder weniger Bedürfnisse ausgelebt und erfüllt werden. Nimm bei knapper Zeit direkt die wichtigsten Bedürfnisse in den Fokus und suche passende Wege dafür aus. Du kannst zusätzlich überlegen, welche der anderen Bedürfnisse auch zu Hause erfüllt werden können. Es ist besser, mehrmals am Tag ganz kurz Zeit zur Bedürfniserfüllung zu haben, als lange Phasen von Langeweile.

Gestärkt auf den Spaziergang

Kooperation und das Ignorieren von Reizen erfordert mentale Kraft, weshalb ich den Tipp, den Hund vor Spaziergängen oder Trainings hungern zu lassen, als völlig falsch erachte. Es fördert nicht nur weitere Abhängigkeit, sondern führt auch dazu, dass Hunde impulsiver und unkonzentrierter bei der Sache sind. Es heißt nicht umsonst Nervennahrung. Das gilt auch für dich: Gerade, wenn die Spaziergänge sich aktuell für dich stressend anfühlen, solltest du ausreichend Energie haben, um deinen Hund entsprechend begleiten zu können.
Meine Hunde bekommen seit Jahren direkt nach dem Aufstehen einen kleinen kohlenhydratreichen Snack, und auch vor größeren Spaziergängen und Ausflügen fülle ich noch einmal die Kohlenhydratspeicher. Natürlich kommt der Hundekörper auch anders an Energie, aber vielleicht kennst du es von dir selbst: unter Stress isst man eher Dinge, die schnelle Energie liefern. Das Wissen über Impulskontrolle gibt weitere gute Gründe, auf Kohlenhydrate zu setzen. Ich achte auch darauf, dass mein Hund über den Tag verteilt drei gesicherte Mahlzeiten zu festen Zeiten bekommt. Schließlich gehe ich auch mehrmals am Tag in die aufregende Umwelt, wo seine Sinne und auch Impulskontrolle gefordert sind. Zudem liefert es Erwartungssicherheit über eines der lebenswichtigen Grundbedürfnisse, darüber soll sich mein Hund in unserem Zusammenleben keine Gedanken machen müssen. Du sollst weder die Ration deines Hundes auf den Kopf stellen, noch ihm zu viel füttern. Aber ich möchte dich dazu einladen zu überlegen, ob Fütterungszeiten und schnelle Energiereserven zu den Anforderungen des Alltags passen. Gerade schnell gestresste Hunde können davon profitieren, wenn sie einen kleinen kohlenhydratreichen Snack vor größeren Runden, oder direkt nach starker Aufregung auf dem Spaziergang bekommen. Vielleicht entdeckst du Spaß am Backen mit der Backmatte, oder du machst es dir so einfach wie ich und nimmst etwas weich gewordene Linsen- oder Reiswaffeln aus dem eigenen Vorrat, den Rest Banane vom Frühstück, oder das halbe Knäckebrot vom Vortag. Manchmal nehme ich von meinem Haferbrei einen Löffel ab und streiche ihn auf die Schleckmatte. Was auch immer du ausprobierst: Achte darauf, dass dein Hund es auch verträgt, vor allem, wenn er Unverträglichkeiten oder Allergien hat.

Die Energieversorgung muss zu den Anforderungen des Alltags passen.

> **Mein Tipp**
> Achte im Alltag darauf, den Namen deines Hundes nicht als Korrekturwort zu missbrauchen. Ist der Name rein positiv verknüpft, erhalten wir direkt positive Aufmerksamkeit.

NAMENSTRAINING

Was, glaubst du, denkt und fühlt dein Hund, wenn er seinen Namen hört? Ist es ein freudiges Gefühl oder eher damit verknüpft, etwas falsch gemacht zu haben? Oder hat der Name sogar schon hemmenden Charakter? Der Name beinhaltet leider oftmals Subtext wie „Lass das" oder „Komm sofort hierher". Dabei wäre es für uns und den Hund besser, sein Name würde positive Stimmung und Aufmerksamkeit mit sich bringen. Genau das wirst du mit der folgenden Übung erreichen.

Schritt 1: Du startest in ablenkungsarmer Umgebung – bedenke hier bitte wieder die Schwierigkeitsstufen. Dein Hund sollte in Armlänge direkt erreichbar und schon positiv aufmerksam sein. Du hast eine Belohnung hinter deinem Rücken, damit du ohne Zeitverzögerung belohnen kannst. Du sagst den Namen deines Hundes als Ankündigung, holst danach direkt die Belohnung hervor und gibst sie ihm. Dein Hund muss hier kein bestimmtes Verhalten zeigen. Du hast keinerlei Erwartung an ihn, kein „Schau mir in die Augen" oder „Komm direkt zu mir". Sein Name kündigt ein Geschenk von dir an, um mehr geht es nicht.

Schritt 2: Nach und nach steigerst du die Ablenkung. Dein Hund schnuppert z. B. am Boden, oder schaut nach vorne. Wichtig: Es handelt sich vorerst um keine starken Reize. Auch hier bist du wieder nur eine Armlänge entfernt und hast die Belohnung schon griffbereit, aber nicht sichtbar. Du sagst den Namen, beugst dich direkt runter und gibst deinem Hund den Futterbrocken. Dein Hund muss kein vorgegebenes Verhalten zeigen, um den Futterbrocken zu bekommen. Er muss sich weder umdrehen, noch zu dir schauen. Du kündigst nur ein Geschenk an.

Schritt 3: Hat dein Hund das Spiel verstanden, steigerst du die Schwierigkeit weiter. Das sollte nicht in ein und derselben Trainingsrunde passieren. Baue Schritt 1 und 2 erst sauber nacheinander auf. Bei Schritt 3 ist dein Hund schon etwas von dir entfernt, wenn du seinen Namen sagst. Direkt nach seinem Namen kullerst oder wirfst du eine Futterbelohnung zu ihm. Bitte treffe deinen Hund dabei nicht absichtlich, das könnte ihn erschrecken. Auch hier musst du nicht warten, bis er sich zu dir umdreht, er bekommt sein Geschenk einfach so, weil du seinen Namen gesagt hast.

Name wird zum Umkehrsignal

Aus diesem Spiel entwickelt sich genau das, was wir uns wünschen. Dein Hund wird sich direkt zu dir umdrehen, wenn du seinen Namen sagst. Aus dem Namen wird also ein Umkehrsignal. Ich nutze tatsächlich sehr gerne den Namen, da wir Menschen im Alltag oft sekundenschnell zuerst den Namen des Hundes sagen. Natürlich besteht die Gefahr, dass der Name abgenutzt wird, aber genau deshalb möchte ich ihn über diese Übung immer wieder aufwerten.

Wenn du möchtest, kannst du auch gerne ein anderes Signal statt des Namens wählen, z. B. „Look“, „Schau“, einen kurzen Pfiff oder etwas ganz anderes. Der Aufbau bleibt der gleiche. Bedenke beim Nutzen im Alltag bitte, dass wir die Zeit draußen als Hundefreizeit bewerten sollten. Ständige Aufmerksamkeit und Unterbrechung fühlt sich beim Ausüben von Hobbys nicht gut an und bringt Stress durch Konflikte mit sich. Ansprechbarkeit bringt Sicherheit, aber unser Bedürfnis nach Sicherheit kann auch zeitweise über eine Leine gestillt werden, während der Hund mal in seiner Umwelt abtaucht.

2

1

3

1. Der Name soll eine Ankündigung für etwas Positives sein.

2. Der Hund muss kein spezielles Verhalten zeigen – er bekommt die Belohnung, weil sein Name gesagt wurde.

3. Am Ende wird die Entfernung im Training kleinschrittig gesteigert.

Dein Hund sollte Zugang zu Möglichkeiten für Selbstbeschäftitung haben. Bedenke auch den Störfaktor – ein Quietschespielzeug eignet sich weniger fürs Büro.

FREIZEIT FÜR DEINEN HUND

Ein „Freizeit"-Signal, das deinem Hund zusichert, dass er gerade Hobbyzeit hat und nicht ständig auf dich achten muss, ist wichtig im gemeinsamen Alltag. Es bringt auf allen Seiten Erwartungssicherheit mit sich, die wiederum zu Entspannung beiträgt.
Mir ist wichtig, dass dein Hund sich traut, in der Umwelt abzutauchen.
Das fördert nicht nur Wohlbefinden, sondern hilft ihm auch dabei, Reize zu ignorieren.
Dieses Signal wird nicht dazu führen, dass dein Hund in Notsituationen nicht mehr ansprechbar ist – natürlich sollst du ihn weiterhin zu dir rufen, um für Sicherheit Sorge zu tragen.
Aber in der Zeit zwischen Freizeit und z. B. Rückruf kann dein Hund mit allen Sinnen abtauchen. Stell dir mal vor, du möchtest ein Buch lesen und dich spricht alle paar Minuten jemand an, das wäre alles andere als angenehm.
Auch im häuslichen Bereich kann es das Zusammenleben entspannen, wenn du im übertragenen Sinn *„Ich habe gerade keine Zeit für dich, ich bin zwar körperlich anwesend, aber möchte dich gerade nicht beschäftigen"* sagen kannst.

Signal festlegen

Wie bei allen neuen Signalen, die du aufbaust, starten wir mit der Wahl eines eindeutigen Wortes. Am besten sollte es nicht schon im alltäglichen Sprachgebrauch genutzt werden. Bei mir ist es das Wort „Pause".
Dieses Signal wird nicht über Ablehnung und Frust aufgebaut, sondern kleinschrittig konditioniert. Wir möchten auf eine nette Art kommunizieren: *„Ich habe keine Zeit, beschäftige dich bitte selbst."*
Der Aufbau des Signals startet zu Hause, zu einer Tageszeit, die dein Hund am besten in eurem Alltag schon als Selbstbeschäftigungszeit abgespeichert hat. Bei vielen ist es die Zeit nach der Morgenrunde, wenn erst mal alle Bedürfnisse erfüllt wurden und die meisten Hunde ein Schläfchen machen. Ein Zeitfenster wie die klassische „Chaos-Zeit" zwischen 17 und 20 Uhr bei jungen Hunden empfiehlt sich also gar nicht.

Zeit, in der nichts passiert, bedeutet nicht zwangsläufig Schlaf. Gerade junge Hunde brauchen zwischen Ruhephasen auch die Möglichkeit für eigene Bedürfnisbefriedigung.

Aufbau des Signals – im Haus

Gerade bei jungen Hunden brauchen wir eine Ja-Umgebung, also einen begrenzten Raum, der aufgeräumt ist. Wir sollten nur Dinge bereitstellen, die zur ruhigen Selbstbeschäftigung dienen, sowie ein Ruheplatz und Wasser. Es darf nichts herumliegen, was später vor Hundezähnen gerettet werden muss. Ich habe dafür meist mein Büro mit einem Türgitter genutzt, weil ich dort den Vormittag verbringe.
Du erstellst eine Liste, auf der du alle Situationen notierst, die dein Hund schon in eurem Alltag als Selbtbeschäftigungszeit kennengelernt hat, und in denen er völlig entspannt ist. So verknüpfst du mit dem Wort gleichzeitig eine ruhige Emotion: z. B. wenn du vor dem Laptop sitzt, wenn du in deinem Lesesessel sitzt, wenn du unter der Dusche stehst, wenn du mit der Zeitung am Küchentisch sitzt … Ich bin mir sicher, dass es Situationen gibt, in denen du zwar körperlich verfügbar bist, denn dein Hund kann sich ja gerne neben deine Füße legen, aber eben nicht in direkte Interaktion mit ihm gehst.
Du nutzt die leichteste Situation für deinen Hund von deiner Liste – ich persönlich finde das Duschen dafür sehr gut, denn das kennen auch die kleinsten Hunde meist schon – und gibst mit direktem Blick zum Hund dein „Pause"-Signal. Du kannst dabei gerne zusätzlich eine spezielle Handbewegung machen, z. B. mit beiden Händen eine Scheibenwischer-Bewegung. Sobald du aus der Dusche kommst, schaust du deinen Hund direkt an und sprichst ihn mit seinem Namen an. Dies beendet die Pause eindeutig. Klarheit ist gerade bei wichtigen Signalen und für die Erwartungssicherheit deines Hundes essenziell.
Über die Auswahl der Selbstbeschäftigungen lässt sich die Erregungslage des Hundes steuern.
Du musst dir also vorab überlegen, welche Erwartungen du dahingehend an deinen Hund hast und was zur Örtlichkeit passt.

Probiere die einzelnen Objekte vorab aus, damit du einschätzen kannst, wie sie die Erregungslage deines Hundes beeinflussen.

Ankündigung

Das Pause-Wort ist eine Ankündigung und kein Signal, das dein Hund zu befolgen hat. Bitte wiederhole es nicht, schon gar nicht mit Unterton, damit dein Hund endlich Ruhe gibt. Das Signal kündigt ganz emotionslos an, dass du nun nicht mehr verfügbar bist. Der Aufbau sollte unbedingt so gewählt sein, dass dein Hund das erwünschte Verhalten schon zeigt und du dieses Verhalten nun zusätzlich mit einem Signal belegst. Achte auch auf deine Körpersignale: Bei manchen Hunden reicht ein Blick direkt in die Augen und schon stehen sie bereit, da sie sich angesprochen fühlen und der Blick sie aktiviert hat.

Mehrere Sinne ansprechen

Unsere Hunde sind individuell und ihre verschiedenen Sinneskanäle unterschiedlich ausgeprägt. Deshalb setze ich nicht nur auf ein Wort und die Handbewegung, sondern stelle auch ein sichtbares Objekt auf, z. B. eine Vase auf den Tisch oder ein Tuch, das über eine Stehlampe gehängt wird, und lasse ganz leise eine spezielle Musik-Playlist laufen. Möchtest du auch mehrere Sinneskanäle mit einbeziehen, was gerade für das Training zum Alleinebleiben sinnvoll ist, gehe wie folgt vor: Du sagst dein Signal, stellst das Objekt auf und drückst auf Play, bevor du dich an den Laptop setzt, unter die Dusche gehst oder

dich an den Küchentisch setzt. Zum eindeutigen Beenden beginnst du von hinten: Du stoppst die Musik, räumst das Objekt weg, schaust und sprichst dann deinen Hund direkt an. Dehne die Zeit schrittweise aus, so wie es zur individuellen Situation passt. Es ist wichtig, dass wir für unsere Hunde auch mal langweilig sind und sie Selbstbeschäftigung lernen. Es schützt die eigenen Nerven und hilft dir dabei, deine eigenen Bedürfnisse zu berücksichtigen. Es sollte aber nicht dafür eingesetzt werden, damit dein Hund stundenlang ignoriert werden kann. Ich reagiere dennoch immer auf Grundbedürfnisse und liebe es, wenn eine warme Schnauze auf mein Bein gelegt wird, während ich am Laptop sitze, und kuschle meinen Hund auch. Ich persönlich nutze das Signal bei meinem Hund nur noch, um frühzeitig Alleinzeiten anzukündigen, denn so fällt auch das Alleinebleiben leichter, oder in Momenten, wo ich konzentriert arbeiten und ganz in Ruhe gelassen werden möchte.
Erst wenn das Signal zu Hause verknüpft ist und dein Hund zeigt, dass er verstanden hat, was es bedeutet, überträgst du es auf eure Spaziergänge.

1. Die bekannte Situation „Mensch arbeitet am Laptop und hat keine Zeit für mich“ wird mit dem neue Signal verknüpft und schafft so Klarheit.

2. Der klare Aufbau gibt dem Hund Erwartungssicherheit.

1

2

Ständiger Kontakt zum Menschen mag für uns positiv sein. Er bedeutet aber auch, kaum Zeit für Hundedinge zu haben. Hier wäre das Handy in der Hand dann mal ein sinnvoller Einsatz.

Aufbau des Signals – Spaziergang

Beim Aufbau auf Spaziergängen steckst du einen klaren Handlungsrahmen über eine Schleppleine ab, deren Länge zur Umwelt passend ist. Gerade unsichere Hunde profitieren zusätzlich vom Gefühl der Verbundenheit über die Leine und können so überhaupt erst in die Hundewelt abtauchen. Die Leine ist deshalb wichtig, da im Zeitfenster der Pause nur in Notfällen Signale gegeben werden sollten. Der Hund soll in den Zustand des Flows kommen, was durch ständige Unterbrechungen nicht möglich wäre. Auch der sonst zurecht verpönte Blick ins Handy kann helfen, dass dein Hund in die Umwelt abtaucht, weil er weiß, dass sein Mensch gerade abgelenkt ist. Später wirst du einschätzen können, wo und ob eine Schleppleine für Pausezeiten in der Umwelt nötig ist, oder ob es auch wunderbar ohne geht.

Am passenden Ort, wenn dein Hund vielleicht ohnehin schon zum Schnüffeln auf eine Wiese gehen möchte, hängst du die Schleppleine an sein Geschirr, behältst sie in der Hand und gibst ihm das zu Hause aufgebaute Pause-Signal.

Auflösen des Signals

Zum Auflösen der Pause gehst du zu ihm, schaust und sprichst ihn, wie zu Hause aufgebaut, an.
Dein Hund soll lernen, dass er sich während dieser Hobbyzeit nicht beeilen muss, es keine Hektik gibt und er vor allem auch nicht ständig schauen muss, wo du bist und ob du gerade vielleicht ein Handsignal gegeben hast. Er darf mit Ansage und Klarheit seinem Hobby nachgehen. Diese Form der Hobbyzeit müssen einige Hunde erst wieder lernen, da der Mensch sie ihnen abtrainiert hat. Sie

1

2

wurden weitergezogen, körpersprachlich oder verbal unter Druck gesetzt oder müssen zu jeder Zeit mitbekommen, was ihr Mensch gerade tut oder will. Die Anspannung und der ständige Konflikt können dazu führen, dass auf Reize stärker reagiert wird.
Ich nutze das Pause-Signal unterwegs, z. B. nachdem ich mit meinem Hund etwas trainiert habe, damit er seine Aufmerksamkeit nicht anhaltend bei mir behält. Ich gehe schließlich raus, damit er Auslastung findet.

Pause-Signal auf Spaziergängen

Auch hier startest du wieder mit einer Liste von Orten, an denen dein Hund gerne in der Umwelt abtaucht und seinem Hobby nachgeht. Hier ein paar Beispiele:

– Dein Hund liebt es, die Umgebung zu beobachten, am besten entspannt auf einer kleinen Anhöhe liegend, wo er die Nase in den Wind hält und beobachtet, was um ihn herum passiert.

– Am Waldrand darf dein Hund buddeln und er ist dabei durchaus auch ansprechbar, er verliert sich in diesem Hobby nicht – dann wäre das ein guter Moment.

– Vielleicht schnüffelt dein Hund auf der ersten Runde durchs Wohngebiet ganz vertieft jeden Millimeter des Weges ab, er wandert über eine Wiese und beschnüffelt jeden Grashalm oder schnüffelt und horcht in Mauselöcher.

Suche Momente, in denen dein Hund ruhige Zeit in der Umwelt verbringt. Diese Pause wird ungeteilte Hobbyzeit für deinen Hund sein.

1. Dein Hund sollte ansprechbar bleiben. Buddeln ist also nur dann passend, wenn er sich darin nicht verliert.

2. Buddeln bitte nur dort erlauben, wo es der Natur/Landwirtschaft nicht schadet (z. B. am Waldrand, im eigenen Garten).

Mein Tipp

Sucht dein Hund immer wieder deine Nähe und möchte deine Aufmerksamkeit, haben der Ort und der Moment nicht gepasst. Langeweile ist schließlich keine Hobbyzeit. Löse die Pause auf und versuche es an einem anderen Ort. Vielleicht auf einer Bank sitzend mit Handy in der Hand oder sogar telefonierend, wenn es deinen Hund dabei unterstützt, sich zu trauen, in der Umwelt abzutauchen.

Strukturierte Spaziergänge

Vielleicht ist dir aufgefallen, dass dein Hund sich auf euren Stammstrecken ganz genau einprägt, wo was passiert. Nachdem er einige Male auf einer speziellen Wiese seinen Hundekumpel getroffen hat, erwartet dein Hund dort in hoher Erregungslage immer wieder den Hundekumpel.

Hunde bilden sehr schnell Schnittmengen: Egal ob du immer an einer speziellen Stelle den Freilauf beendest und deinen Hund anleinst, oder aber die Leine an einer bestimmten Stelle löst – dein Hund weiß schnell, was passiert. Genau das können wir uns zunutze machen. Im ersten Moment mag es sich langweilig anhören, wenn man auf seinen Runden gefühlt immer das Gleiche macht. Die meisten Menschen bemerken aber schnell, dass diese Erwartungssicherheit dazu führt, dass man deutlich entspannter ist und so mehr Ressourcen für Unerwartetes bleiben. Ist dein Hund draußen eher hektisch und gestresst unterwegs und unerwartete Reize bringen euch an eure Grenzen, sind sogenannte Insel-Spaziergänge genau richtig für euch. Du suchst dir Beschäftigungen aus der Top-Liste deines Hundes, die du gezielt an speziellen Orten auf eurer Runde fördern möchtest. Zum Beispiel eine Futtersuche, eine Dummysuche, ein Spiel mit dem Lieblingsspielzeug oder ein paar Tricks am Baumstumpf – du wirst am besten wissen, was deinem Hund Freude bereitet.

Mein Tipp

Gut sichtbare Strukturen wie z. B. Baumstümpfe eigenen sich gut, um verlässliche Inseln aufzubauen.

AUFBAU VON INSEL-SPAZIERGÄNGEN

Beim Aufbau der Inseln solltest du ein paar Dinge beachten:

– Überlege dir eine Route, die du strukturieren und auf der du verschiedene Inseln aufbauen kannst. Du kannst Runden oder Wege vor- und zurücklaufen. Auf einer Runde trifft dein Hund die ganze Zeit auf neue Reize – läufst du vor und zurück, kommen keine neuen Reize hinzu. Probiere gerne aus, was für deinen

1

2

Hund passender ist. Man kann den Weg auch nach und nach länger werden lassen und mehrmals vor- und zurücklaufen, bis der Hund wirklich entspannter ist und Umwelterkundung zeigt.

– Welche Erregungslage passt zur jeweiligen Umwelt? Ein wildes Spiel auf einer Wiese, in der oft Wild steht, wäre unpassend. Eine intensive Futtersuche auf einer Wiese, wo oft fremde Hunde kommen, kann zu Ressourcenproblemen führen. Eine Pause-Station für selbstwirksame Beschäftigung an einem Ort, wo sich keine Hundehobbys finden, würde Langeweile und damit Frust, aber kein Wohlbefinden bringen.

Finde passende Strukturen auf eurer Runde. Bei dieser Form der Ortskonditionierung (denn es passiert ab jetzt verlässlich an diesem Ort), nutzen wir klare Strukturen in der Umwelt. Das kann ein Baum, eine Wiese, ein Gebüsch und auch Orte, die mit speziellen Erwartungen aufgeladen sind, sein. Auf einer unserer Runden steht ein Baumstumpf direkt an einem Wildwechsel, dort wird also Wild erwartet. Vielleicht gibt es auf eurer Runde einen Gartenzaun, wo schon öfter ein Hund angerannt kam und deinen erschreckt hat – hier lohnt es sich, positive Reizteiler, also eine neue Erwartung aufzubauen, auch wenn der Aufbau an dieser Stelle etwas länger dauern wird. Der Baumstumpf am Wildwechsel wurde schnell zu unserem „Action-Button". Das sieht wie folgt aus: Kenny springt auf den Baumstumpf und wartet dort, bis ich komme, denn diese Aktion sagt verlässlich eine spaßige Tätigkeit mit mir voraus.

1. Locke deinen Hund z. B. auf einen Baumstumpf und belohne ihn dort ab jetzt immer, wenn ihr an ihm vorbeikommt.

2. Schon bald wird er diesen Ort von sich aus aufsuchen und Reize um sich herum leichter ignorieren.

Bei unserer Waldbank wartet immer eine Futtersuche auf Kenny.

Mal kegle ich Futterbrocken, mal hole ich einen Futter-Dummy oder ein Spielzeug zum Belauern hervor. Diese klare Erwartung hat schon einige Male dazu geführt, dass starke Reize in der Umwelt ignoriert wurden, weil der Blick auf mich gerichtet war und die Spannung groß, was wir wohl dieses Mal machen werden. Beim Aufbau sollte also genau überlegt werden, an welchem Ort man hohe Anspannung aufbauen kann: Ist die Anspannung groß, sollte das zur Umwelt und den zu erwartenden Reizen passen.

Mein Tipp

Du bleibst für zwei Wochen auf dieser einen strukturierten Runde und baust erst dann weitere Runden auf. Sobald dein Hund deutlich ruhiger wird und du bemerkst, dass er weniger Umwelterkundung betreibt, weil er gleich schon zur nächsten Insel durchstartet, ist es Zeit, die Strukturen weiter auseinanderzulegen und Inseln zu versetzen oder auszulassen. Nutze hier dann gerne auch das trainierte Pause-Wort. Du wirst bemerken, dass dein Hund nach einer Insel sehr motiviert und aufmerksam ist. Hier könntest du gezielt Freilauf, Leinenführigkeit oder Ähnliches üben. Aber bedenke bitte, dass dein Hund auch ausreichend selbstbestimmte Freizeit bekommen soll.

Erregungslage dämpfen

Die Erregungslage deines Hundes bestimmt, wann es Zeit für eine Insel ist. Starte euren Spaziergang gerne wie angesprochen schon zu Hause, um vorab Bedürfnisse zu erfüllen. Draußen könntest du an einer ruhigeren Stelle stehen bleiben und mit dem Namenstraining einen Einstieg finden. Seid ihr einige Zeit unterwegs und die Erregungslage droht in einen zu hohen Bereich zu steigen, ist es Zeit für eine Insel. Zum Beispiel ein Spiel oder eine intensive Futtersuche, je nach Umwelt. Nach dem Spiel solltest du deinem Hund über die Belohnungsformen wieder in eine ruhige Erregungslage helfen, bis Umwelterkundung wieder möglich ist. Steigt die Erregungslage im weiteren Verlauf wieder zu hoch, gibt es die nächste Insel usw.

Achte ganz am Ende der Runde auf ruhige Verhaltensweisen, da wir Menschen im Haus einen ruhigen Hund möchten. Als Kenny noch sehr klein war, gab es ritualisiert nach dem Spaziergang Futterbeschäftigung, mit wenig Arbeitseinsatz, aber viel Erfolg in seiner Ruhezone. So konnte er leichter Ruhe finden.

Targettraining

Targets sind Ziele oder Zielvorgaben, die durch einen rein positiven Aufbau eine magnetische Wirkung auf deinen Hund ausüben und selbstbelohnenden Charakter haben.

Sie dienen z. B. als Alternativverhalten, binden Aufmerksamkeit und sind so Reizteiler und für das im Buch besprochene Thema am besten mit ruhiger Erregungslage, Entspannung und positiven Emotionen verknüpft. Es gibt im Hundetraining sehr viele Targets, du kennst Boden- oder Handtargets vielleicht schon aus dem Tricktraining oder Dogdance, auch der Futternapf deines Hundes ist ein Target. Hier soll es nun ausschließlich um die Ruheinsel zum Mitnehmen, ein spezielles Boden-Target, gehen.

Bei der Wahl des richtigen Targets hilft uns ein Blick zur Farbwahrnehmung unserer Hunde. Sie sehen hauptsächlich Gelb- und Blautöne, weshalb es sinnhaft ist, ein blaues oder sehr kontrastreiches schwarz-weißes Target zu wählen. Starten solltest du mit dem Aufbau wieder ablenkungsarm, am besten in Ruhe zu Hause. Später ist das Ziel, das Target auf Spaziergänge mitzunehmen, weshalb die Wahl auf einen Gegenstand fallen sollte, der gut mitzunehmen ist und bisher keine Bedeutung für deinen Hund hat.

1. Ein mit Ruhe verbundenes Boden-Target muss nicht zielgenau mit der Pfote anvisiert werden. Hier geht es um den magnetischen Effekt und die positive Stimmung.

2. Die Farbe kann die Aufmerksamkeit des Hundes beeinflussen. Blau kann er in der Umwelt sehr gut sehen.

1

2

1

WAHL DES TARGETS

Ein Mikrofasertuch passt in jede Tasche, doch für einige Hunde lädt so ein Tuch leider zu einem Spiel ein und sie möchten es beuteln, bei anderen bleibt es aufgrund der Faserart an den Pfotenballen haften, sobald sie es mit der Pfote berühren. Hier wäre ein Dosendeckel aus Silikon, der auch klein zusammengedrückt in die Tasche passt, die besserer Wahl. Man kann sich ein Stück von einer Backmatte abschneiden oder ein kleines Handtuch auswählen, vielleicht sogar direkt ein Mikrotarget an einem Lenyard kaufen. Es gibt kleine Targets mit Struktur, bei denen der Hund deutlicher spürt, wenn er sie berührt, oder man häkelt sich ein Unikat für diesen Zweck. Du kennst deinen Hund am besten und wirst wissen, bei welchem Material er direkt in Aufregung verfällt und es vielleicht sogar direkt ins Maul nehmen möchte – es also ausscheidet, als Ruheinsel zu fungieren.

RESSOURCENPROBLEMATIK

Das Target kann so positiv aufgeladen für Hunde mit einer Ressourcenproblematik durchaus dazu führen, dass fremde sich annähernde Hunde Ressourcenverteidigung auslösen. Achte deshalb bitte darauf, das Target später in der Umwelt nur in passenden Situationen einzusetzen, falls dein Hund ein Thema mit Ressourcen haben sollte.

AUFBAU DES TRAININGS

Schritt 1 – Ruhe

Du verknüpfst das Target mit Ruhe und Entspannung in eurem Alltag!

Dein Hund liegt entspannt (aber nicht tief schlafend) in deiner Nähe. Würde er in dieser Situation eine Streicheleinheit oder Massage von dir genießen, kündige diese durch das Target an. Du legst das ausgewählte Target in den Sichtbereich und machst alles wie immer. Sobald die Massage beendet ist, packst du das Target wieder weg. Viele Menschen haben mit ihren Hunden ein Abendritual, bei dem sie beisammensitzen oder -liegen, Körperkontakt halten oder gekuschelt wird. Auch hier kann das Target als Ankündigung ins Sichtfeld des schon ruhenden Hundes gelegt werden. Nach Beendigung von Kontakt oder Streicheln wird es wieder weggepackt.

2

3

Schritt 2 – positive Erwartung

Nun schaffst du eine positive Erwartung auf dem Bodentarget!

Dein Hund muss hier keine spezielle Aktion ausführen. Es geht nur darum, ihm zu vermitteln, dass sich die Annäherung an das Target lohnt. Du wählst wieder einen Moment mit ruhiger Erregungslage und für die Belohnung eine Futterbelohnung, die deinen Hund nicht in hohe Erregung bringt. Du platzierst das Target auf dem Boden, direkt vor deinem Hund. Den ersten Blick oder Schritt Richtung Target markierst du mit dem Markerwort/Click und legst danach die Belohnung auf das Target. Achtest du darauf, die Belohnung im Aufbau immer aufs Target zu legen, statt dem Hund direkt ins Maul zu gegeben, erzeugt dies noch stärkere Magnetwirkung. Du kannst nun die Zeit am Target ausdehnen und in kleinen Zeitabständen immer wieder eine Belohnung darauf platzieren. Nach einiger Zeit gibst du ein Signal, welches die Übung auflöst. Bei mir heißt es „Ab“, andere nutzen „Fertig“. Rolle nach dem Signal einen Futterbrocken vom Target weg, den dein Hund sich holen kann. Danach nimmst du das Target hoch und beschließt mit dem bekannten Signal für das Ende des Trainings diese Trainingsrunde.

Schritt 3 – Annäherung einfangen

Die gezielte Annäherung wird eingefangen und unter Signal gesetzt!

Du überlegst dir ein passendes Signal für dieses Verhalten. Beispiele aus meinem Kundenstamm sind „Spot“, „Marke“, „Taaaarget“ oder einfach „Tuch“ – es muss dir über die Lippen gehen und sollte bisher keine andere Bedeutung haben. Durch den Aufbau eines Signals kannst du deinem Hund dieses Verhalten in passenden Situationen vorschlagen. Bedenke bitte: Es soll eine Hilfe sein, die er annehmen kann, aber niemals muss.

1. Ein kurzer Blick Richtung Target reicht schon. Jedes Interesse wird positiv eingefangen.

2. Gibst du die Futterbelohnung auf dem Target und nicht direkt ins Maul, erzeugst du einen zusätzlichen Magneteffekt.

3. Die Zeit am Target kann durch wiederholte Belohnungen ausgedehnt werden.

1

2

1. Durch die positive Erwartung nähert sich der Hund automatisch dem Target an.

2. Hat der Hund gelernt, dass es sich lohnt, beim Target zu bleiben, wird er es sich dort bequem machen. An seiner Position kannst du später sein Erregungslevel erkennen.

Du startest mit Schritt 3 wie folgt:
– Dein Hund ist gerade aufmerksam, ihr seid zu Hause, es ist ruhig und es herrscht keine Ablenkung. Du holst das Target und platzierst es deutlich sichtbar vor deinem Hund auf dem Boden. Nachdem du die ersten beiden Schritte ausführlich mit ihm geübt hast, wird er sich nun automatisch annähern.
– Direkt beim Target oder sobald er auf das Target läuft, gibst du dein Markerwort/Click.
– Danach belohnst du ihn mit einem Futterbrocken auf dem Target.
– Bleibt dein Hund direkt am Target stehen, kannst du, wie schon geübt, die Zeit über weitere Futterbrocken ausdehnen. Die Futterabstände passen sich der Ablenkung an.
– Nach einigen Wiederholungen gibst du das Signal zum Beenden („Ab“) und rollst danach eine Futterbelohnung vom Target weg.
Nun kannst du abwarten, was passiert!
– Kommt dein Hund direkt zurück? Dann gibst du kurz vor dem Target dein zuvor ausgewähltes Signal für diese Aktion.
– Stellt sich dein Hund auf das Target, bzw. kommt ganz nah? Dann gibst du dein Markersignal/Click und belohnst auf dem Target.
Wie zuvor, kannst du die Zeit am Target ausdehnen, bevor du nach einigen Wiederholungen die Übung über das „Ab“ beendest und eine Belohnung wegrollst. Sollte sich dein Hund unerwartet dem Target doch nicht ganz annähern, animiere ihn mit einer einladenden Handbewegung oder berühre das Target mit deiner Hand.

Erwünschtes Verhalten einfangen
Kommt dein Hund erneut auf das Target zugelaufen, kannst du das angebotene Verhalten einfangen. Du gibst kurz vor dem Target das Signal und befolgst danach die bekannten Schritte. Wiederhole das gerne drei weitere Male.

Schritt 4 – Beenden des Trainings

Beende jede Trainingseinheit immer mit einem eindeutigen Signal: Packe sichtbar die Leckerlitasche weg, gib deinem Hund als Brücke zwischen schöner Interaktion mit dir und Ruhe auch etwas zur Selbstbeschäftigung.

Schritt 5 – Schwierigkeit steigern

Du steigerst nach und nach die Schwierigkeit und Ablenkung beim Targettraining, so dass du es auch draußen einsetzen kannst. In erregenden Situationen sollten die Abstände zwischen den einzelnen Markerworten und das Ranking der Futterbelohnung der Ablenkung entsprechend angepasst werden. Oder du vergrößerst die Abstände, damit dein Hund den Reiz in der Umwelt betrachten und verarbeiten kann. Diese Übung schult zusätzlich deinen Blick für die individuelle Körpersprache deines Hundes. Du weißt irgendwann ganz genau, wie das ruhige Verarbeiten eines Reizes aussieht und wie dein Hund aussieht, wenn er es nicht mehr aushält, also kurz bevor er zu einem Reiz rennt. Über die Rankingliste der Futterbelohnungen bestimmst du, wie viel Prozent der Aufmerksamkeit deines Hundes in der Umwelt oder bei dir ist. Es ist wichtig, dass dein Hund Möglichkeiten bekommt, um Reize zu verarbeiten. Ihn stark abzulenken, führt womöglich zum Erschrecken und bringt euch im Training nicht weiter. Ablenken kann in Notsituationen durchaus gezielt eingesetzt werden. Wir müssen nicht jeden sich uns bietenden Reiz mitnehmen, wir dürfen auch mal durchatmen und es uns und dem eigenen Hund leicht machen.

Einsatzmöglichkeiten des Targets:

– an Übergängen wie der Haustür, dem Gartentor, vor oder nach dem Aussteigen im oder direkt vor dem Auto, hinter der Terrassentür
– als Reizteiler in erregenden Situationen/in der Nähe von Auslösereizen
– als Ruheinseln auf euren Runden

Das ruhige Beobachten der Umwelt kann manchmal erst duch das Target und passende Belohnungen möglich sein.

Selbstwirksamkeit im Hundeleben

Die meiste Zeit des Tages verbringen unsere Hunde in den menschlichen vier Wänden, also einer Umgebung, die vor allem für uns Menschen gemacht ist und wenig zur Bedürfniserfüllung von Hunden bietet.

Zudem dürfen sie kaum freie Entscheidungen treffen. Sie leben in einem Machtgefälle völliger Abhängigkeit, in dem der Mensch sein eigenes Bedürfnis nach Kontrolle und Sicherheit über das Etablieren vieler Grenzen erreicht. Dafür müssen wir gezielt Ausgleich schaffen und das Eingrenzen unserer Hunde situativ hinterfragen. Das Gefühl von Kontrolle, echte Wahlmöglichkeiten und Handlungsfähigkeit zu haben, ist nicht nur uns wichtig, sondern auch Hunden.

Mein Tipp

Gönne deinem Hund kommunizierte Pausen, damit er danach mit neuer Kraft durchstarten kann.

GRENZEN UND EIGENE ENTSCHEIDUNGEN

Zu wenig Kontrolle und Handlungsfähigkeit durch fehlende Entscheidungsmöglichkeiten machen krank. Das kann nicht nur bei Zootieren in ihrer künstlichen Umwelt beobachtet werden, sondern konnten wir Menschen hautnah während der Pandemie nachfühlen. Wir bestimmen bei unseren Hunden nicht nur, wann sie sich wie zu verhalten haben, was sie wann und wie viel fressen dürfen, wann sie welche Spazierwege mit uns gehen oder über ihre Sozialkontakte, sondern sogar über den Ort und das Zeitfenster für Kotabsatz. Der gesamte Alltag, einschließlich Ruhezeiten und Schlafplätze, wird durch den Menschen bestimmt. Wir müssen uns also über den individuell passenden Handlungsrahmen Gedanken machen, um eine bestmögliche Schnittmenge aus Kontrolle und damit Sicherheit für alle Beteiligten, sowie selbstwirksamen Entscheidungen unserer Hunde zu ermöglichen. Warum mir das gerade bei unsicheren oder schnell gestressten Hunden so wichtig ist? **Jede noch so kleine freie Entscheidung, also das Gefühl von Kontrolle, fördert das Wohlbefinden, das Selbstbe-**

wusstsein und führt dazu, dass Stress reduziert wird. Dieses Gefühl überträgt sich sogar auf andere Situationen und spielt uns somit in die Karten. Darf ein Hund hingegen keine Reaktionen zeigen, oder traut sich gar nicht mehr zu handeln, fühlt er sich entsprechend schneller hilflos, denn er konnte keine selbstkompetenten Lösungen erlernen, die in Stresssituationen wiederum darüber bestimmen, wie hilflos man sich fühlt.

Ermögliche deinem Hund eigene Entscheidungen

Achte in eurem Alltag auf folgende Dinge:

- Schränke die Bewegungsfreiheit deines Hundes so selten wie möglich ein, da es sehr stressend ist.
- Beobachte die Körpersprache deines Hundes genau. Möchte er z. B. weiter gestreichelt werden, oder vielleicht sogar nur Körperkontakt und gar nicht gestreichelt werden? Es gibt einen Grundsatz, der hier helfen kann: „Streicheln – Streicheln – Pause". In der Pause zeigt dein Hund entweder deutlich: mach weiter. Oder aber: lass das, bzw. hör auf. Fordert er nicht klar weiteres Streicheln ein, lass ihn bitte einfach selbstbestimmt in deiner Nähe ruhen.
- Biete, wo es geht, Wahlmöglichkeiten. Sowohl Futter-, Spielbelohnungen oder auch Snacks kannst du deinen Hund auswählen lassen.
- Lasse, wenn möglich, deinen Hund Wegstrecken aussuchen. Wenn ich nach draußen gehe, ist mir persönlich egal, ob ich die Waldrunde links- oder rechtsherum laufe, ob ich die Zeit über die Felder gehe oder von Ort zu Ort laufe. Hier lasse ich meinen Hund Entscheidungen selbst treffen, so wie es zu unserem Alltag passt.

Das Auto als „Exittarget". Der Hund zeigt an, dass er eine Pause braucht.

– Es gibt die Möglichkeit, über sogenannte „Exittargets" Trainingspausen oder das Ende vom Training bestimmen zu lassen. Du kannst in der Nähe einen Schnüffelteppich füllen, während du mit deinem Hund z. B. Tricks übst. Fülle den Schnüffelteppich wieder nach und arbeite nicht mit verschiedenem Ranking der Futterbelohnungen, so dass dein Hund z. B. die Superleckerli nur bekommt, wenn er mit dir etwas tut. Er soll schließlich echte Wahlfreiheit haben. Ein Hund hat bei richtiger Gestaltung Spaß am Training mit dir – er entscheidet sich mit dem „Exittarget" nicht gegen dich, sondern lediglich für sich. Er nimmt sich eine Pause und ist danach sehr wahrscheinlich bereit für eine weitere Runde Training, wenn es sich gut für ihn anfühlt.

– Auch das Pause-Signal fördert selbstwirksames Handeln auf Spaziergängen. Wenn dein Hund wie beschrieben gelernt hat, dass er in den Flow kommen darf, ohne dabei noch mit allen Sinnen bei dir bleiben zu müssen, fördert das seine Selbstwirksamkeit im Alltag.

– Beobachte die Körpersprache deines Hundes. Auch das Gefühl verstanden zu werden, sich mitteilen zu können und mit der Sprache etwas bewirken zu können, hat zur Folge, dass man das Gefühl von Kontrolle im Miteinander hat.

Und da mir wichtig ist, dass auch du Wahlmöglichkeiten, Handlungsalternativen und das Gefühl von Selbstwirksamkeit beim Training mit deinem Hund hast, möchte ich hier wieder daran erinnern, dass du die Expertenperson für deinen Hund bist, oder auf jeden Fall werden kannst. Füge für euch individuelle Dinge dieser Liste hinzu, um Selbstwirksamkeit im Alltag für deinen Hund zu fördern.

Bingo links zeigt deutlich, dass er gerade keinen Kontakt möchte. Seine Signale werden verstanden und Dean nicht zu ihm gelassen.

FAST GRENZENLOSER SPAZIERGANG

Sogenannte „Entscheidertage“ oder auch „Yes days“ habe ich vor Jahren in der Elternberatung kennengelernt. Eltern sagen an diesem Tag zu (fast) allem ja, das Kind darf die Entscheidungen über den Tagesverlauf treffen. Hierbei ist nicht nur klar, dass am Ende immer noch die Eltern die Verantwortung tragen und natürlich nicht alle Dinge erlaubt werden können. Es wird auch deutlich, wie anstrengend es sein kann, Entscheidungen zu treffen. Genau hier liegt also die Individualität. Und das übertragen wir nun auf besondere Spaziergänge mit deinem Hund. Ich habe sie „Anarchie-Spaziergänge“ getauft, wobei ich von totalem Chaos bitte absehen möchte.

Je nachdem, wo du mit deinem Hund lebst, liegen die Grenzen dieses Spaziergangs. Klar ist, weder die Umwelt noch der eigene Hund dürfen in Gefahr geraten. Wir behalten also die volle Verantwortung auf diesem Spaziergang. Gleichzeitig wird der Einfluss auf den Hund auf ein absolutes Minimum heruntergefahren.

Was bewirken solche Spaziergänge?

Das Ergebnis dieser Spaziergänge ist immer wieder verblüffend. Ich habe sie zu verschiedenen Tageszeiten ausprobiert und Kenny hat seine Zeit im Dunkeln favorisiert. Er geht dann nicht wie am Tag Richtung Wald und Felder, sondern wir klappern die Dörfer ab. Er schnüffelt ausgiebig und mit Vorliebe Gebiete, Gartenzäune, Einfahrten etc. ab, die er am Tag eher unsicher aus der Entfernung begutachtet und schnell passiert. Sein Tempo ist dabei ein lockerer Trab, was für mich dennoch recht sportlich ist und er nimmt sich gerne bis zu zwei Stunden oder auch länger dafür Zeit. Auch hier gilt wieder: Trau dich, auszuprobieren! Beobachte deinen Hund und lerne ihn besser kennen.

Ein klarer Handlungsrahmen, z. B. über eine Schleppleine, ermöglicht, sonstiges Einwirken auf den Hund auf ein Minimum zu reduzieren.

Der Mensch hält sich bewusst hinter dem Hund, wenn dieser schnüffelt, um ihn selbstwirksam erkunden zu lassen.

Was du benötigst

– Ein passendes Hundegeschirr, an dem dein Hund eventuell auch einmal geringen Zug aufbauen darf, einen Bauchgurt mit elastischer Leine oder Schleppleine. Je nach Umwelt gerne auch eine lange Schleppleine. Ich persönlich bevorzuge den Bauchgurt mit einer elastischen Leine am Geschirr des Hundes, da Kenny an Straßen entlang läuft, wo nicht viel Platz ist, und ich so jederzeit reagieren kann.
– Spaß daran, zu verschiedenen Tageszeiten an unterschiedlichen Orten die ersten Erfahrungen für diese Form des Spaziergangs kennenzulernen.
– Überlege dir einen groben Rahmen, der für deinen Hund passend ist. Das Hetzen von Tieren ist grundsätzlich nicht erlaubt, so auch nicht auf diesen Runden. Ist das Jagen ein Thema bei euch, würde ich diese Art des Spaziergangs nicht im Wald starten, sondern lieber im Wohngebiet oder der Stadt. Hat dein Hund großen Stress mit fremden Hunden, würde ich eine Umgebung wählen, wo ihr viel Platz zum Ausweichen habt und grundsätzlich eher wenig los ist.
– Eventuell Stirnlampe, Reflektoren und eine Beleuchtung oder reflektierende Warnweste für deinen Hund.
– Einige Superleckerli für den Notfall, aber lass deine normale Leckerlitasche zu Hause, sie hat enorme Zugwirkung und ich möchte Erwartungssicherheit für den Hund. Wasser für euch und ggf. Snacks für eine Pause.

– Überlege dir vorab, was du in Notsituationen machst. Ich habe ein Notfallsignal, mein Stopp, das ich auf diesen Runden bei Bedarf nutzen würde.

– Aus eigener Erfahrung füge ich dieser Liste noch ein aufgeladenes Handy hinzu. Ich musste auf einer solchen Runde mal meinen Mann zur Rettung anrufen, da ich mich völlig verlaufen und nur noch ein Prozent Akkuladung hatte.

Ablauf des Spaziergangs

Starte an einem Tag mit viel Zeit und voller Ressourcen mit einem ersten Versuch, um euch langsam heranzutasten. Dein Hund soll dich nicht in hohem Tempo durch die Gegend zerren, über Wildspuren quer durch den Wald und danach der Nachbarskatze hinterher. Du behältst die Verantwortung und gibst einen groben Rahmen vor. Ich gehe sehr sportlich schnell, würde aber nicht rennen wollen. Das hat sich aber auch nie ergeben, denn an Orten, die für den Hund interessant sind, möchte er mit seinen Sinnen erkunden. Ich starte mit dem Pause-Signal und lasse Kenny vorne laufen. Er wechselt von lockerem Trab zu sehr plötzlichem Stehen und verweilt dann auch recht lang an manchen Stellen. Hier halte ich mich ganz bewusst hinter Kenny auf, damit er sich nicht weitergedrängt fühlt. Kommt es mal zu Situationen, wo er einen Weg einschlagen möchte, den ich nicht erlauben kann, bleibe ich erst einmal stehen und warte ab. Kenny nutzt dann aus der Entfernung alle Sinne, um zu erkunden, was er interessant findet, und schlägt danach recht schnell einen anderen Weg ein. Muffin konnte durchaus in solchen Momenten frustriert sein, weshalb ich ihm geholfen und ihn damit nicht allein gelassen habe. Ich habe ihn angesprochen, beruhigt, gegebenenfalls belohnt und einen anderen Weg eingeschlagen. Du siehst, das wird eure ganz individuelle Form des Spaziergangs und ich würde mich freuen, wenn du durch das neue Wissen über deinen Hund Teile davon in euren Alltag einbauen könntest.

Hunde erkunden ihre Umwelt unterschiedlich. Gib deinem Hund Zeit und greife nur ein, falls er Hilfe benötigt.

Schnüffeln für mehr Wohlbefinden

Die Welt der Gerüche, wie sie unsere Hunde wahrnehmen, fasziniert uns Menschen – gleichzeitig ist das „ständige" Schnüffeln eines Hundes ein Verhalten, das im Alltag immer wieder zu Reibereien führen kann.

Für unsere Hunde handelt es sich um eine der natürlichsten Verhaltensweisen, wenn sie ihre Umwelt mit der Nase erkunden. Beobachten wir Hunde genauer, fällt auf, dass Schnüffeln auch zur Stressbewältigung und somit als Strategie in Konfliktsituationen eingesetzt wird, oder auch um zu beschwichtigen und das Gegenüber freundlich zu stimmen. Schnüffeln erfüllt für unsere Hunde einen Zweck, auch wenn der Mensch diesen vielleicht gerade nicht erkennt und sich ein ganz anderes Verhalten des Hundes wünscht. Gerade unsichere Hunde möchten ihre Umwelt ganz genau inspizieren, um Gefahren frühzeitig zu erkennen. Gleichzeitig sind auch sie diejenigen, die mehr Stresslöse- oder Beschwichtigungsverhalten zeigen. Vor allem an neuen Orten hast du sicher schon gemerkt, dass dein Hund hektisch schnüffelt und dabei sehr erregt ist. An neuen Orten weiß er nicht, was alles auf ihn zukommen kann, er ist also reaktionsbereiter. Du solltest deinem Hund ausreichend Zeit zum Erkunden der Umwelt geben und zum individuellen Tag passende Orte wählen, denn die Umwelt führt zu entsprechender Erregungslage deines Hundes. Wenn ich an bestimmten Feldern entlang gehe, weiß ich ganz genau, dass die Erregungslage bei meinem Hund höher ist, da die Felder aus unzähligen Mauselöchern bestehen. Er ist in voller Erwartung und setzt ganz gezielt seine Nase ein. Hier gehe ich also nur, wenn ich viel Zeit habe, die Erregungslage zu begleiten und ihm auch die Zeit gönnen kann, alles zu erkunden. An anderen Orten schnüffelt er interessiert, aber nicht hoch erregt. Wahrscheinlich sind es eher langweilige Gerüche, denn dort möchte er auch mehr mit mir gemeinsam machen und freut sich über Beschäftigung mit mir.

SCHNÜFFELN GEZIELT FÖRDERN

Hat der Mensch es immer eilig, kommen ängstliche Hunde oftmals gar nicht in eine Erregungslage, in der sie entspannte Umwelterkundung zeigen

Schnüffeln als Strategie, um fremde Hunde besser ignorieren zu können.

können. Sie horchen und schauen nach allem, was um sie herum passiert, haben aber seltener die Nase am Boden oder verweilen an einer Stelle. Achte also darauf, das Schnüffeln im Nahbereich gezielt zu fördern, so dass dein Hund sich mehr auf die Nase als auf die anderen, in die Ferne gerichteten Sinneskanäle konzentriert. Ja, du hast richtig gelesen! Ich möchte das, was andere Hundemenschen teilweise nervig finden, sogar fördern. Denn es zeigt, dass dein Hund entspannter ist als vorher, als er noch vermehrt mit den Ohren und Augen in der Ferne war, mit der Erwartung, jederzeit könnte etwas passieren.

So kannst du deinen Hund zum Schnüffeln bringen

– Du bleibst deutlich hinter ihm stehen, sobald er schnüffelt, um ihn nicht voranzutreiben. Drängle ihn auch nicht über Signale, weiterzugehen. Er soll sich Zeit nehmen dürfen. Hast du es wirklich eilig, kannst du über positive Signale arbeiten, sodass dein Hund Klarheit hat.

– Du kannst Futterbrocken als Brücke einsetzen, um deinen Hund zum Schnüffeln im Nahbereich zu animieren. Der erste Schritt könnte die Futterbelohnung „Plumps“ sein, denn für viele Futterbrocken braucht man schon mehr Sicherheitsgefühl und Ressourcen.

– Verknüpfe gerne ein Signal mit ruhiger Umwelterkundung im Nahbereich. Wenn dein Hund gerade in niedriger Erregungslage schnüffelt, benenne es – z. B. „Sniff“, „Schnüffeln“, „Scan“, was auch immer passend für dich erscheint. Sage es mit ruhiger Stimme, nicht laut und auffordernd, so dass dein Hund plötzlich ganz gespannt ist, was nun passiert. Hast du das Signal immer mal wieder gesagt, während dein Hund gerade ruhig geschnüffelt hat, kannst du es nutzen, um Schnüffeln auszulösen. Fordere es bitte nicht ein, belohne es auch nicht weiter. Es soll eine Erinnerung/ein Angebot sein, keine Pflicht.

Die Futterlandschaft

Bei dieser Form der Futtersuche geht es nicht darum, dass dein Hund etwas tun muss, um zum Erfolg zu kommen. Hier wird nach dem Prinzip „er gewinnt immer“ gearbeitet.

Dafür brauchen wir echte Wahlmöglichkeiten und auch die Entscheidungsfreiheit über Ende und Pausen. Viele Hunde lernen in dieser vorhersehbaren Sicherheit, sich länger zu konzentrieren, wir fördern ihr Wohlbefinden über Selbstwirksamkeit, Entscheidungsfreiheit und die Fähigkeit, Handeln zu können. Je nach Aufbau können wir vermitteln, dass Erkundungsverhalten eine wunderbare Bewältigungsstrategie sein kann.
Du nimmst dabei den Beobachtungsposten ein, animierst aber zu keiner Zeit oder gibst vor, wie dein Hund die Futterlandschaft zu absolvieren hat. Er soll frei entscheiden können und weder über verschiedene Wertigkeiten von Futter, noch über Hilfen von dir beeinflusst werden.
Passe die Landschaft deiner Beobachtungen an. Zeigt dein Hund Unsicherheit an einem Objekt in der Landschaft und traut sich kaum hinzuschnuppern, sortierst du es aus. Bei dieser Form der Beschäftigung geht es nicht darum, dass dein Hund sich überwinden lernen soll. Später kannst du überprüfen, ob die Unsicherheit weiterhin besteht.

Mein Tipp

Suche dir einen Ort aus, an dem dein Hund entspannt ist und keine Ablenkungen auf ihn warten, vor allem solche, die ihn erschrecken könnten. Unpassend wäre der direkte Aufbau am Gartenzaun zum Nachbarshund, der eventuell bellend angerannt kommt. Starte am besten in einem Zimmer mit dem Kennenlernen und Neuaufbau, in dem diese Art der Fütterung regelmäßig stattfinden kann.

AUFBAU EINER FUTTER-LANDSCHAFT

Als **Stopp- oder Pause-Station** eignet sich etwas, das dein Hund schon kennt. Es kann ein Schnüffelteppich sein, ein Bodentarget, mit dem ihr sehr oft und rein positiv trainiert habt, oder auch du selbst, wenn dein Hund im Alltag gelernt hat, dass er bei Fragen direkt zu dir kommen kann und dort auch zuverlässig belohnt wird. Ebenso wie eine Schleckmatte, die auf der anderen Seite des Raumes platziert ist, falls dein Hund sie kennt, und ein weicherer Kausnack.

– Du kannst in der Futterlandschaft leere Pakete nutzen. Platziere Futter daneben und im Paket, damit dein Hund die Wahl hat. Auch leere Kartons, vielleicht direkt aus der Papiertonne, bringen interessante Gerüche mit sich. Sie sollten nach Möglichkeit beim Erkunden nicht umkippen und deinen Hund erschrecken.

– Schleckmatten oder Ähnliches, wo dein Hund die Futterbrocken direkt aufnehmen kann. Keine Futterpuzzle oder Labyrinthbälle, denn hier muss dein Hund für den Erfolg richtig arbeiten, was bei der Futterlandschaft nicht erforderlich sein soll.

– Zerknitterte Handtücher/Decken, neben und in die Futterbrocken gestreut werden. Später auch gerne Gummimatten oder Hundekissen mit einer Schaumstoffmatratze, über die dein Hund steigen muss, um gleichzeitig die Muskulatur anzusprechen.

– Verschiedene Schüsseln, in denen Futterbrocken verteilt und daneben gestreut werden.

Wichtig: Wer sich eine Pause nimmt, geht nicht leer aus. Dein Hund würde sonst über das Gefühl der Erschöpfung hinweg weiter in der Futterlandschaft bleiben, weil er ja sonst nichts bekommt.

Die Größe der Futterlandschaft variiert je nach Hund. Manche sind mit zu viel Auswahl überfordert.

Das genaue Beobachten des Hundes zeigt schnell die individuellen Vorlieben und hilft bei der Neugestaltung.

Futterlandschaft in der Nähe von Reizen

Nach der Phase von Neuaufbau und Anpassung kannst du hin und wieder eine Futterlandschaft auch in der Nähe von mehr Reizen aufbauen, z. B. Richtung Terrassentür oder Fenstern, bei denen dein Hund sonst auf Reize reagiert.
Auch im Garten kann die Futterlandschaft dabei helfen, dass dein Hund Reize auf der anderen Seite des Zaunes ignoriert, solange der passende Abstand gewählt wird und Ressourcenthematiken bedacht werden, wenn z. B. in direkter Nachbarschaft ein Hund wohnt. Wichtig bei diesem Aufbau ist, dass der Pause- und Stoppbereich abgewandt von Reizauslösern ist. Dein Hund soll die Wahl darüber haben, ob er in die Nähe von Reizen geht oder nicht. Echte Entscheidungsfreiheit erreichst du, wenn der Pausebereich immer wieder nachgefüllt wird.

Fütterung beenden

Beende die Fütterung über ein klares Signal, nachdem dein Hund zum Pause-/Stoppbereich gekommen ist und dort belohnt wurde. Du kannst die Futterlandschaft gerne mehrfach auffüllen, wenn dein Hund dir zeigt, dass er noch weitermachen möchte und es in die Tagesration passt. Diese Form der Fütterung sollte ab nun zu eurem Alltag gehören.

Alleine bleiben

Du hast die Möglichkeit, die Futterlandschaft etwas abzuwandeln, um sie auch für Phasen des Alleinebleibens einzusetzen. Voraussetzung ist, dass du nur Dinge einbaust, die dein Hund nicht zerkaut oder abschluckt und dass sie ausschließlich reizabgewandt aufgebaut ist. In der Hundegruppe ist diese Form der Beschäftigung für Alleinezeiten allerdings nicht ohne Trennung oder strukturierte Vorarbeit möglich. Gestalte die Futterlandschaft mit so langweiligen Futterbrocken, dass dein Hund nicht erregt ist, deine Hilfe benötigt, oder auf das Nachfüllen des Pause-/Stoppbereichs angewiesen ist. Er sollte danach in einer Erregungslage sein, die direktes Ruhen möglich macht. Die Beobachtungen aus der großen und betreuten Futterlandschaft helfen dir dabei.

Umweltbelohnungen

Sind wir mit unserem Hund draußen unterwegs, konkurrieren wir mit der Umwelt. Hier findet der Hund die Hundewelt vor und – je nach Umwelt – ganz viel von dem, womit ein Hund Bedürfniserfüllung verknüpft.

Der einzige Störfaktor dabei sind wir Menschen mit unseren Anforderungen an passendes Hundeverhalten. Wir sind dafür zuständig, Grenzen anderer zu wahren und für die Sicherheit aller zu sorgen.
Umweltbelohnungen haben viele Vorteile, aber auch kleine Stolpersteine, die bedacht werden müssen. Die Beobachtung, welches Bedürfnis dein Hund genau in diesem Moment befriedigen möchte, führt unweigerlich dazu, dass man mehr Verständnis für Hundeverhalten hat und den eigenen Hund besser versteht. Außerdem haben sie einen hohen verstärkenden Charakter, ist es doch das, was der Hund aktuell möchte. Wir arbeiten nicht gegeneinander, sondern miteinander.

FUNKTIONALE VERSTÄRKER

Signale von uns sind kein ODER, sondern ein UND. Allerdings sollten sie klar kommuniziert werden, also mit einem eindeutigen Wort verknüpft sein. Und du solltest darauf achten, deinen Hund nicht nur in die Umwelt, also weg von dir, zu schicken. Anhand einiger Beispiele kann ich das besser erklären.

Hetzspiel

Wollte dein Hund z. B. gerade etwas hetzen und du hast dieses Verhalten durch ein Alternativverhalten, also ein vorher trainiertes Signal wie das Stopp, unterbrochen, braucht es eine passende Belohnung mit verstärkendem Charakter, damit dein Hund das Signal auch beim nächsten Mal noch zeigt. Das Hetzen hat die Funktion, sich anzunähern, also sollte auch die Belohnung aus diesem Bereich kommen. Hier ist es schwierig, etwas aus der Umwelt zu finden, was erlaubt wäre. Außerdem würdest du weg von dir belohnen, was schnell zu einem Selbstläufer werden kann. Also kommt hier eine funktionale Belohnungsform von dir: ein angekündigtes Hetzspiel mit einem ganz besonderen Spielzeug, was es nur in diesen Situationen gibt und mit einem eindeutigen Wort angekündigt wird.

Mein Tipp

Die Hobbyliste von S. 88 f. hilft dir dabei, passende Verstärker zu wählen. Lege den Fokus auf Dinge, die mit dir stattfinden, um entsprechende Zugwirkung herzustellen.

Der Sprung ins kühle Nass kann bei einigen Hunden eine attraktive Belohnung sein.

EINBEZIEHEN DER UMWELT

Bei anderen Situationen hingegen ist es sehr wohl möglich, die Umwelt miteinzubeziehen. Ihr lauft auf einen See zu und dein Hund liebt es, ins Wasser zu springen. Du nutzt im passenden Abstand die Situation und fragst eine Umorientierung ab, weil du aktuell daran übst, z. B. für Hundebegegnungen. Der Abstand zum See bestimmt das Schwierigkeitslevel.

Beginne also in weitem Abstand, damit dein Hund das abgefragte Verhalten zeigen kann. Zeigt dein Hund die Umorientierung, sagst du dein Markerwort und gibst deinem Hund danach das Signal für „Frei“, oder was auch immer aus eurem Wortschatz passend ist, und wirfst zusätzlich einen Futterbrocken in den See. Mit dir zusammen zu kooperieren, lohnt sich also doppelt und die Umorientierung zu dir wurde genau damit verstärkt, was dein Hund gerade am meisten wollte. Sichere hier zu Beginn über eine Leine und achte auf klare Kommunikation, damit dein Hund auf das Signal wartet, so dass er kennenlernen kann, dass es sich dann doppelt lohnt.

Futtersuche, Buddeln, ...

Sucht dein Hund gerade nach Essbarem, was völlig normal, aber leider auch gefährlich werden kann, kannst du frühzeitig dein Rückrufsignal, das Sitz, die Umorientierung, einen Hand-Touch oder andere Alternativen abfragen. Hier würde nach dem Markersignal keine Freigabe von mir kommen, da ich nicht möchte, dass mein Hund Unrat vom Boden aufnimmt. Aber ich würde mit meiner Belohnung auf die Funktion des Verhaltens zurückgreifen: Fressen, Suchen, Finden und Vertilgen. Das könnte durch einen Futterdummy, einen Futterball mit Klettstoff oder eine von dir aufgebaute Futtersuche gehen.
Auch das Buddeln, gezieltes Schnüffeln im „Abgas“ von Wildtieren, anderen Hunden oder an Markierstellen, eben-

so wie das Beobachten von Umweltreizen, das Spiel mit einem Sozialpartner oder das Aufbauen von Abstand zu einem Reiz können gezielt auf Signal gesetzt werden und somit als Verstärker Einsatz finden.

VERSTÄRKER BENENNEN

Bei allen Verstärkern ist es wichtig, sie zu benennen und deinem Hund so Klarheit zu vermitteln. Alleine das Wissen, ob nun Sozialspiel mit einem Hund angesagt ist oder nicht, bringt vielen Hund-Mensch-Teams Erleichterung in den Alltag.

Du wirst merken, dass die Liste der funktionalen Verstärker und Umweltbelohnungen mit Sicherheit immer vielfältiger und durch die Umwelt sehr variabel werden wird. Man braucht also keine Angst davor zu haben, dass positives Training nur aus Futterbelohnungen bestehen würde. Ganz im Gegenteil, der Rucksack ist prall gefüllt mit natürlicher, extrem vielfältiger und individueller Bedürfnisbefriedigung.

Ein weiterer Vorteil von klar kommunizierten Verhaltensweisen ist, dass ich sie gezielt einsetzen kann, um den Hund nach und nach zu selbstkompetenten Lösungen zu bringen. Ich kann ihn z. B. an Schnüffeln oder Buddeln (wo erlaubt) erinnern, wenn er fremde Hunde mit zunehmender Anspannung in der Entfernung betrachtet. Futterbrocken können hier als Brücke genutzt werden, falls die Signale für die Tätigkeit nicht ausreichen. Dabei kann dein Hund aus dem Augenwinkel weiterhin die fremden Hunde beobachten, die Reizteilung mit einer befriedigenden Beschäftigung stimmt ihn positiv und so wird er dieses Verhalten nach und nach von sich aus zeigen können.

Bedürfniserfüllung, die vom Menschen ausgeht, spielt uns in die Karten und macht uns neben all der Ablenkung interessant.

Balanceübungen

Kennst du auch das Gefühl, an stressigen Tagen zwar völlig erschöpft zu sein, aber dennoch nicht richtig zur Ruhe zu finden? Gezielte Bewegung kann dabei helfen.

Sätze wie *„Ich stehe richtig neben mir“* oder *„Nach müde kommt doof“*, die vor allem Hundemenschen von sehr jungen Hunden sagen, unterstreichen die Wahrnehmung, dass ein gewisses Erregungslevel das Ruhen nicht so einfach macht.
Obwohl der Körper eine Pause sehr gut gebrauchen könnte, gelingt die Brücke zum Schlaf nicht. Schaut man im Humanbereich, was hier regelmäßig empfohlen wird, stößt man auf progressive Muskelentspannung. Also Entspannung durch vorherige Anspannung. Entspannung ist eine sehr individuelle Sache und hat nicht zwangsläufig etwas mit Dösen oder Schlafen zu tun, denn Ruhe kommt erst durch Entspannung zustande. Gerade bei sensiblen und damit schneller gestressten Hunden spielt die schon angesprochene aktive Stressbewältigung eine wichtige Rolle.
Es gibt verschiedene Möglichkeiten, um „zurück in den Körper zu kommen“, den Fokus auf den eigenen Körper zu lenken, statt alle Sinne in der Umwelt zu haben. Balanceübungen können sehr gut in den Alltag eingebaut werden. Auch im kleinsten Zimmer ist Platz für sie und das Erregungslevel niedriger, als bei einem Spiel oder einer ganzen Erregungswelle über die Belohnungsformen.

Mein Tipp

Versuche euren Alltag so zu strukturieren, dass sowohl mentale als auch körperliche Auslastung dazugehört.

AUFGEREGTE HUNDE WIRKEN GROBMOTORISCH

Meine persönliche Erfahrung in meiner Arbeit zeigt, dass schneller erregte Hunde weniger Gefühl für ihre Hinterhand zu haben scheinen. Sie werden oftmals als tollpatschig oder grobmotorisch abgestempelt. Die gezielte Förderung der Hinterhand im Alltag kann hier nicht nur unterstützen, sondern auch direkt einen Beitrag für das spätere Leben bieten, denn eine gestärkte Muskulatur hilft deinem Hund im Seniorenalter.
Am besten lässt du dir Übungen in einer physiotherapeutischen Praxis für Hunde zeigen, wo gezielt und individuell auf deinen Hund eingegangen werden kann. Dies ist umso wichtiger, wenn dein Hund bekannte Probleme am Bewegungsapparat hat.

Übungen für zu Hause

– Du lässt deinen Hund langsam und nach vorne gerichtet über eine Hundematte aus festerem Schaumstoff laufen. Nach einiger Übung und wenn aus gesundheitlicher Sicht nichts dagegen spricht, kannst du ihn auch über einen flach ausgelegten Sitzsack oder eine weichere dicke Matratze laufen lassen. Locke hier bitte nicht mit Futter, sondern bewege dich am besten einfach durch den Raum, sodass dein Hund neben dir läuft und dabei über die Matte geht.

– Du lässt deinen Hund gezielt mit den Vorderpfoten auf einem Kissen balancieren, während er mit den Hinterbeinen sicher auf einem rutschfesten Untergrund steht. Dieser Position, Vorderbeine oben und Hinterbeine unten, kannst du einen eindeutigen Namen geben. Bei uns

1. Ist der Hund geübt, kann das Signal „Hocker“ vielseitig eingesetzt werden.

2. Auch die Hinterbeine können nach einiger Übung gezielt trainiert werden.

3. Gib den beiden Kreisrichtungen eindeutige Signale. So kannst du sie im Alltag nutzen.

1

2

3

heißt sie „Hocker". Auch hier wäre mir lieb, du würdest deinen Hund nicht mit Futter locken, sondern ihn selbst entscheiden lassen, wie und in welchem Tempo er auf das Kissen geht. Sobald er oben steht, belohne ihn aber gerne mit einem Futterbrocken.

– Stehen nur die Hinterbeine auf einem Kissen, während die Vorderbeine unten auf der rutschfesten Matte bleiben, hat es bei uns den Namen „Stufe". Nachdem du einige Male „Hocker" geübt hast, animiere deinen Hund, nach vorne vom Kissen zu steigen. Passe den Moment ab, wo die Hinterbeine auf das Kissen gestellt werden, und belohne deinen Hund.

– Dein Hund kann auf einer Hundematte, dem Sofa oder speziellen Noppenkissen in einem engen Kreis geführt werden.

– Übungen, bei denen du die Hinterbeine einzeln benennst, indem du mit vorheriger Ankündigung die jeweilige Pfote berührst oder sogar sanft in die Hand nimmst. Je nachdem, was für deinen Hund in Ordnung ist, denn alles soll auf Freiwilligkeit beruhen. Viele Hund können so lernen, mit den Hinterbeinen „Pfote zu geben", wie es viele Hundemenschen mit den Vorderpfoten üben.

– Auch die Vorderbeine kannst du unterschiedlich benennen. Bitte halte bei diesen rein auf Spaß beruhenden Übungen die Pfoten deines Hunde niemals fest. Dein Hund soll darüber bestimmen, wie lange und ob er sie auf deiner Hand lässt. Er soll Vertrauen entwickeln und das Gefühl der Handlungsfähigkeit behalten.

– Ist dein Hund darin geübter und körperlich spricht nichts dagegen, kann er die Pfoten auf Signal sogar einzeln auf spezielle Balance-Halbkugelkissen stellen.

Mein Tipp

Auf Spaziergängen kannst du trockene Baumstümpfe, Kieswege, Treppenstufen oder leichte Steigungen für Balanceübungen und den Fokus auf den Körper nutzen. Bei allen Übungen gilt, dass dein Hund zu keiner Zeit gedrängt, gezogen, gedrückt oder über sehr hochwertige Leckerli in die Position gebracht wird. Dein Hund soll immer Platz zum Ausweichen haben und selbst bestimmen dürfen, ob und wie er mitmachen möchte.

Die richtige Belohnung

Nutze am besten das normale Trockenfutter als Belohnung, damit dein Hund nicht zu erregt ist und auf seinen Körper achten kann. Vielleicht hilft ihm auch, die Leckerlitasche in der Schublade zu lassen und das Trockenfutter zur Belohnung nur

1

2

1. „Pfötchen" geben geht auch mit den Hinterbeinen.

2. Auch verschiedene Untergründe helfen dabei, sich auf den eigenen Körper zu konzentrieren. Hier kommen spezielle Sensorikmatten zum Einsatz.

aus der Hosentasche zu holen. Einige Hunde verknüpfen mit der Leckerlitasche eine hohe Erregungslage und haben deshalb schon Schwierigkeiten, sich auf diese gezielten Übungen zu konzentrieren.

Erwartungssicherheit

Damit Erwartungssicherheit über Anfang und Ende der Trainingszeit herrscht, nutze am besten eindeutige Signale. Das kann z. B. eine spezielle Sportmatte für den Start dieses Trainings und das Pause-Wort für das Ende sein. Gerne mit entsprechender Selbstbeschäftigung, die weiter Ruhe fördert. Versuche, Balanceübungen vor Ruhephasen und zum Ende von Spaziergängen einfließen zu lassen und beobachte, ob sie deinem Hund dabei helfen können, besser zur Ruhe zu finden. Sie sollen keine sportlichen Übungen werden, die du minutenlang machst und vielleicht den Bewegungsapparat überlasten, es reichen 2 – 4 Wiederholungen einer Übung aus.

Ankündigungen

So selbstverständlich wie wir es im Umgang mit erwachsenen Menschen empfinden, erst anzukündigen oder gar um Erlaubnis zu bitten, bevor wir uns annähern oder sie berühren, summieren sich im Hundealltag häufig unbedachte Übergriffigkeiten.

Diese negative Erwartungshaltung färbt gleichzeitig nach und nach das Gefühl, wenn sich etwas annähert, und mündet vielleicht sogar in einer stark ausgeprägten Sensibilität bezüglich der Körperoberfläche. Gewöhnen wir uns an, mit dem Hund zu kommunizieren, was wir gleich vorhaben, wird das Miteinander deutlich entspannter. Wir ersparen dem Hund Momente von Erschrecken und tragen dazu bei, dass das Zusammenleben sicherer ist. Gerade auch als Vorbildfunktion in der Nähe von Kindern, die über soziales Lernen nachahmen, was sie tagtäglich sehen, sollten wir auf freundliche Kommunikation setzen. Viele Hunde können durch die verlässlichen Ankündigungen im Alltag körperliche Nähe überhaupt erst entspannt genießen.

1. Kündige an, was passiert – hier „Anziehen“ – und nähere dich erst dann mit dem Geschirr an. Viele Teilschritte vereinfachen zu Beginn das Training für den Hund.

2. Der Hund sollte ausreichend Platz zum Ausweichen haben.

3. Zu Beginn kann es hilfreich sein, jeden Teilschritt zu belohnen, so entsteht ein sicheres Gesamtverhalten.

1

2

MENTAL AUF HANDLUNGEN EINSTELLEN

Wichtig ist, dass Wort und Tat nicht gleichzeitig kommen! Die Ankündigung kommt, bevor du dich annäherst, die Hand bewegst oder Handlungen am Körper des Hundes ausführst. So kann sich dein Hund mental darauf einstellen, was gleich mit ihm passieren wird. Stell dir nur mal vor, du stehst vor deiner Ärztin und hast keine Vorahnung, ob sie dir gleich in den Mund schaut, oder ein Fieberthermometer rektal einführt. Aber schon im engen Kreis unserer Familie fühlt es sich nicht gut an, überrumpelt zu werden und kann zu deutlichen Abwehrreaktionen führen. Genauso geht es unseren Hunden.

Sammle gerne Handlungen auf einer Liste, die bei deinem Hund zu Erregung oder gar Unwohlsein führen. Du kannst sie anschließend nach Wichtigkeit sortieren. Vor allem Dinge, die sehr oft passieren, sollten geübt werden, denn hier summiert sich im Alltag einiges, was dem Stressfass deines Hundes erspart werden kann.

Das können Handlungen sein wie:

- Geschirr an- und ausziehen
- Anleinen
- Berührungen, um ein Stöckchen, Blätter oder sonstiges aus dem Fell zu zupfen
- Abtrocknen der Pfoten
- Berührungen an Augen, Ohren, Schwanz, Maul etc.
- Kämmen
- Entfernen einer Zecke
- Hochheben

Überlege dir eindeutige Signale für diese Handlungen. Du wirst merken, nach und nach kommen ganz automatisch Signale im Alltag dazu, weil man es als so selbstverständlich empfindet, Handlungen zu benennen. Ich kann auf einem Spaziergang „Zecke“

3

1

sagen und Kenny bleibt ruhig stehen, da er weiß, ich zupfe gleich in seinem Fell, nachdem ich mich angenähert habe und mit meinem Gesicht recht nahe komme. Das Signal beinhaltet also die Gesamtheit meiner Handlungen, da sie immer nach diesem Signal kommen. Danach gebe ich das Markerwort und eine zur Situation passende Belohnung.
Fokussiere dich zunächst auf eines der Signale und starte damit, so dass auch du Zeit hast, den Ablauf zu üben.

Mein Tipp

Bei sensiblen Hunden ist es ratsam, das Training mit kleinen Teilhandlungen zu beginnen. Die Gesamtheit der Schritte kann überfordern und das Training erschweren.

Aufbau der Ankündigung

Du trainierst gerade in eurer Trainingsecke mit deinem Hund, er hat eine positive Stimmung, um euch herum gibt es keine Ablenkung und er ist auf dich fokussiert. Das ist eine perfekte Möglichkeit, um zwischendurch eines der Ankündigungssignale zu üben. Falls es dir schwer fällt, die Handlung erst nach dem Wort auszuführen, stecke deine Hände in die Hosentaschen. Hocke am besten seitlich neben deinen Hund und gib das Signal „Anfassen". Erst danach ziehst du eine Hand aus der Hosentasche und berührst deinen Hund an der Körperoberfläche (an einer Stelle, wo er es kennt, von dir berührt zu werden, meist an der seitlichen Brustwand). Es kann sein, dass dein Hund an deiner Hand schnuppert und sich leicht wegdreht, nachdem du beginnst, die Hand anzunähern. Lass ihn an der Hand schnuppern, vielleicht erwartet er, dass du einen Futterbrocken darin verborgen hältst. Dann nimmst du die Hand wieder zurück und startest von vorne. Findet dein Hund diese Situation plötzlich komisch, weil er nicht einschätzen kann, was du tun wirst, starte lieber in Alltagssituationen, die schon ritualisiert und voller Vertrauen sind.

2

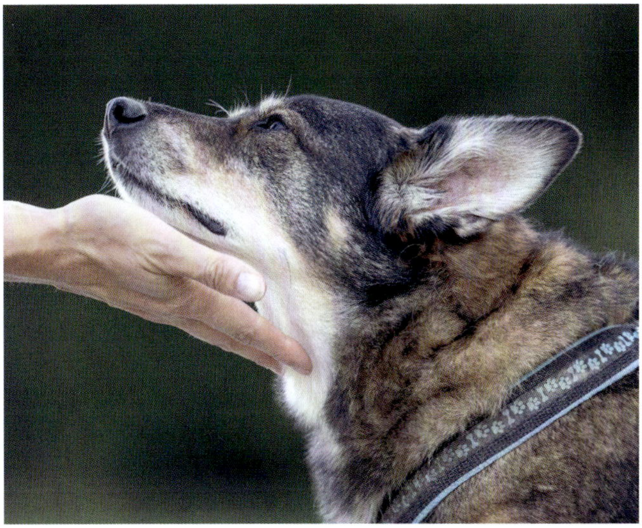

3

1. Weiß der Hund, was nach der Ankündigung auf ihn zukommt, kann er mitbestimmen und zeigt deutliche Signale.

2. Berührungen können genossen werden, wenn darüber selbst entschieden werden kann.

3. Das Kinn-Target als Kooperationssignal. Der Hund zeigt so deutlich seine Zustimmung.

Wechsle zurück in euer vorheriges Training.
Im Alltag kannst du Signale in bekannte Situationen einfließen lassen, das kann wie folgt aussehen: Dein Hund liegt gerade entspannt an dich gekuschelt und du streichelst ihn. Unterbrich das Streicheln kurz, sage dein Signal, z. B. „Streicheln“, und streichle erst danach und wenn dein Hund körpersprachliches Einverständnis gibt, weiter wie zuvor. Wiederhole das zwei bis drei Mal. So kannst du gezielt Berührung und Streicheln als Belohnungen oder sogar Verstärker einsetzen. Probiere aus und beobachte, was alles auf die Top 20 Liste gehört (siehe S. 88 ff.).

MITSPRACHERECHT

Ankündigungen erfüllen auch den Zweck, dass dein Hund Zeit hat, ein „Nein“ zu kommunizieren. Sein Körper und somit auch seine Entscheidung, außer es handelt sich um Notsituationen, in denen schützende Gewalt zum Einsatz kommen muss. Ein Stöckchen oder Blatt kann auch später entfernt werden, wenn es besser zur Situation und damit zur Erregung passt. Auch eine Zecke kann eine halbe Stunde später entfernt werden. Es gibt keinen Grund, hier Druck aufzubauen, im Gegenteil, so werden diese Situationen immer schwieriger. Lernt dein Hund allerdings, dass er ein gewisses Mitspracherecht hat und die Handlungen mit einer positiven Grundemotion erleben kann, wird sein Vertrauen immer größer und auch schwierige Situationen klappen besser. Man sollte sich im stressigen Alltag genau überlegen, ob die Situation es wert ist, Kooperation zu verlangen und wo man getrost warten kann, um sich die Kooperation für wichtigere Dinge aufzuheben.

Das 10 Leckerchen Spiel

Müsste ich mich für eine einzige Übung entscheiden, wäre es wohl diese Übung. Kleinschrittig aufgebaut vereint sie viele Dinge, die sich jeder Hundemensch wünscht.

Übersetzt sagt diese Übung deinem Hund: *„Mach weiter so, noch ein bisschen, gleich kommen Markerwort/Click und Belohnung."*

Diese Übung baut mit positivem Fundament die Frustrationstoleranz bei deinem Hund aus, denn er lernt: *„Wer länger wartet, bekommt auch mehr."* Abwarten und das Gefühl von Frust werden also in einen positiven Kontext gerückt, so dass dein Hund warten will. Er bekommt bei dieser Übung nicht die Vorgabe, in Position X oder Y zu warten, sondern entscheidet sich aus freien Stücken dafür. Außerdem bekommt dein Hund die Chance, sich kleinschrittig eine Strategie für frustrierende Situationen zu erarbeiten, die du dann wiederum im Alltag schneller erkennst. Er zeigt ein Verhalten selbstwirksam, das von dir positiv verstärkt wird. So findet Lernen sehr effektiv statt.

Beim Aufbau sind Timing und dein Auge für die individuelle Körpersprache deines Hundes gefragt. Die Übung wird über kleinschrittige Angebote des Wartens von deinem Hund aufgebaut. Wir dürfen den Bogen also nicht überspannen, denn die Übung soll am Ende positive Emotionen im Gepäck haben. Du merkst, ob du zu schnell vorangegangen bist, daran, dass dein Hund nicht abwarten kann. Gestalte es also kleinschrittiger, leichter und bleibe länger auf einem Schwierigkeitslevel. Beim Übertragen in den Alltag wird die Futtergabe der Situation entsprechend angepasst. Es ist also kein starres System, sondern durchaus variabel und erfordert von dir, situativ zu agieren. Ganz plakativ sage ich immer: *„Der Belohnungsberg muss auch zum Erregungsberg passen."*

UNTERSTÜTZUNG IM ALLTAG

Dieses Spielchen unterstützt dich dabei, dass der Hund mehr und mehr aus der Umwelt auftaucht. Es ist also ein Reizteiler, arbeitet über eine positive Erwartung und dem Belohnungspunkt direkt bei dir. Das Signal ist dein spezielles Zähltempo, deine Tonlage und der damit verbundene eindeutige Singsang. Ich beginne mit „und 1, 2, 3 …"; schon beim ganz speziell ausgesprochenen „und" reagiert mein Hund sofort und weiß, was nun kommt. Im Aufbau wird es Momente geben, in denen du bis 20 zählen kannst, und dennoch wird es draußen in

Abwarten fällt leichter, wenn gelernt wurde, dass es sich lohnt.

erregenden Situationen vorkommen, dass du an der Körpersprache deines Hundes abliest, dass bei 4 der Moment gekommen ist, wo das Markerwort und die Belohnung kommen sollten, um den Bogen nicht zu überspannen und den Hund zu überfordern. Ohne dieses Spielchen wäre es in der gleichen Situation aber wahrscheinlich schon bei 1 zu viel geworden, so ist die 4 also schon ein Fortschritt, den du bitte auch als solchen wahrnehmen solltest. **Die Situation wird durch den Nutzen der Übung angenehmer, bedeutet aber noch lange nicht, dass sie deinem Hund plötzlich egal wäre und keine Ressourcen erfordert. Belastungen belasten und Bedrohungen fühlen sich bedrohend an und ihre Summation sollte im Blick behalten werden (siehe hierzu auch S. 18).**

Bedenke deshalb bitte auch immer, wann du mit deinem Hund die einzelnen Schritte dieser Übung trainierst. Direkt vor einem anstrengenden Ausflug, oder gar vor einem Begegenungstraining, würden dann vielleicht die nötigen Ressourcen hierfür fehlen.

Nutzen im Alltag

- An Reizen vorbeilaufen können
- Erleichterung des Stillsitzens oder -liegens bei Behandlungen.
- Du möchtest deinen Hund direkt unterstützen, weil du spürst, dass er gleich explodiert, und kein Platz für aktive Stressbewältigung oder Abstand ist.
- In Situationen, in denen du den Drang verspürst, zu sagen „Jetzt reiß dich doch mal zusammen!“, mach bitte lieber das 10 Leckerchen Spiel.

Da hier mit Futter und klarer Erwartung gearbeitet wird, solltest du Ressourcenprobleme im Blick behalten. Wobei gerade auch diese Übung dabei unterstützt, dass dein Hund einen Aufschub von Belohnungen besser verkraftet. Denn im Nutzen der Übung haben wir das Futter nicht wie beim Aufbau direkt in der Hand – es wird zeitversetzt aus der Leckerlitasche gegeben. Nur das Zählen findet wie immer statt. Auch wenn ich hier keine einzelnen Futterbrocken in meine Hand zähle, halte ich dennoch mein Versprechen und passe die Belohnungszeit und -form der Situation an.

Vorbereitung

– Du liest dir alle Schritte vor dem Training mit deinem Hund durch und überlegst dir einen passenden Raum ohne Ablenkung.
– Futterbelohnungen aus dem langweiligeren Bereich (damit das Warten leichter fällt), allerdings so wertig, dass dein Hund sie nimmt – statte deine Leckerlitasche entsprechend aus.
– Dein Hund bekommt keine Positionsvorgabe und auch körpersprachliches Abblocken darf nicht eingesetzt werden.

Ablauf der Übung

– Am besten stehst oder sitzt du erhöht, so dass du eine Hand deutlich über der Nasenhöhe deines Hundes halten kannst, ich nenne sie immer die „Teller-Hand".
– Beginne etwas vor dem Griff nach dem ersten Leckerchen mit „und 1", zum Ende von „eins" legst du deutlich sichtbar ein Leckerchen auf deine Teller-Hand, diese hältst du ganz starr.
– Nun zählst du nach und nach weiter, für jede Zahl wird tatsächlich ein sichtbares Leckerchen auf die Hand gezählt.
– Beobachte deinen Hund ganz genau, überreize den Moment nicht. Gerade am Anfang sollten wir ihm schnell transportieren, was wir uns bei dieser Übung vorstellen, nämlich ein ruhiges Verhalten. Das kann bei einem Welpen ein kurzer Moment aller vier Beine am Boden sein oder eine Gewichtsverlagerung nach hinten
– Genau hier markierst du mit deinem Markerwort/Clicker, nimmst den ersten Futterbrocken von der Teller-Hand und lässt ihn direkt vor dich

1

2

1. Einfacher Start: kein zu hochwertiges Futter, die Hand im Abstand erhöht.
2. Achte auf kleine Signale der Zurückhaltung (z. B. ein Blick vom Futter weg).
3. Lass nach dem Marker/Click die Belohnung auf den Boden fallen.
4. Dein Hund darf die Belohnung direkt nehmen. Animiere ihn dazu.
5. Nächster Blick zum Mensch: Marker und wieder eine Belohnung.

auf den Boden plumpsen. Sobald dein Hund hochschaut, markerst du erneut und lässt den zweiten Futterbrocken vor dich plumpsen usw.
– Hast du also bis vier zählen können, gibst du deinem Hund auch vier Futterbrocken nacheinander.
– Jeweils nachdem er den Blick vom Boden in deine Richtung löst (er muss dir hierbei nicht direkt in die Augen schauen), markerst du erneut und lässt den nächsten Futterbrocken fallen.
– Sind alle Futterbrocken gegeben, gibst du das Pause-Wort, oder verdeutlichst das Ende des Trainings mit eurem individuellen Signal.
– Überspringe das einzelne Geben der Futterbrocken bitte nicht, denn die Belohnungszeit spielt eine wichtige Rolle. Vor allem später in der Umwelt sollte die Zeit der Anspannung auch mit der Zeit der Belohnung in Einklang sein und dein Hund wird dir deutlich zeigen, ob er mental noch beim Reiz ist, oder die Erregung abgearbeitet ist.
– Schaut er später in der Umwelt noch mit langem Hals zum Reiz, gibst du weiter Belohnungen. Hier nutze ich dann auch sehr gerne zusätzlich noch die Belohnungsformen.
– Durch die Wiederholungen der Übung wirst du Stück für Stück erkennen können, wie dein Hund das Warten für sich gestaltet. Kenny legt sich immer sofort flach auf den Boden, weil er ja weiß, dort landen später die Futterbrocken, während Muffin jeden Futterbrocken genau im Blick behält und im Sitzen wartet. Jeder Hund ist eben anders, so auch deiner.
– Belasse es bei bis zu drei Durchläufen dieser Übung innerhalb einer Trainingsrunde, da sie Ressourcen fordert, vor allem, wenn noch der ganze Tag auf euch wartet.

3

4

5

1. Hat dein Hund das Spielchen verstanden, wandert die Teller-Hand immer tiefer.

2. Kannst du die Futterbrocken auf den Boden fallen lassen, hat dein Hund die Übung verstanden.

3. Gestalte die Übung, sobald das Futter hochwertiger wird, wieder leichter und zähle die Futterbrocken in deine Hand.

1

2

Was passieren kann

– Dein Hund dreht sich um und geht Richtung Tür, möchte der Situation ausweichen. Das sind Zeichen für Überforderung in der Situation. Gestalte es deinem Hund bitte viel leichter und suche früher einen Moment von Abwarten/Sich-Zurücknehmen – und sei es nur der Blick weg von der Hand. Lauft kurz zusammen durch den Raum oder macht eine Lieblingsübung, um positive Emotionen zu schaffen.
– Dein Hund springt an die Hand und versucht den Futterbrocken zu erwischen: Du nimmst die Teller-Hand wortlos hinter den Rücken, übernimmst dort (hinter dem Rücken) mit der anderen Hand die Futterbrocken und startest neu.
– Gestalte es deinem Hund leichter als vorher, nutze weniger hochwertige Futterbrocken, halte die Hand höher, stell dich seitlich zum Hund, halte die Teller-Hand etwas abgewandt und setze schon deutlich früher Marker/Clicker.
– Beobachte deinen Hund genau, damit du frühe Anzeichen von Abwarten erkennst. Oftmals sind es die ersten beiden Durchläufe, in denen dein Hund schnell erkennen muss, worum es dir geht, und dann läuft es glatt.
– Dein Hund traut sich nicht, den ersten Futterbrocken nach dem Markerwort/Clicker zu nehmen, den du vor dich fallen lassen hast? Ermutige ihn, zeige direkt darauf, gib deine Freigabe, signalisiere, dass alles gut ist.

Schwierigkeit verändern

Bei dieser Übung gibt es verschiedene Stellschrauben, die das Schwierigkeitslevel verändern:
– die Höhe der Teller-Hand
– die Wertigkeit der Futterbrocken
– die Zeitspanne des Wartens
– die Umgebung und ihre Reize
– die Tagesform und zur Verfügung stehenden Ressourcen

3

Schritt 1: Du startest die Übung an einem Ort ohne Ablenkung, mit nicht stark reizenden Futterbrocken und einer kurzen Zeit des Wartens, du zählst also nur kurz. Nach und nach zählst du bis 10 oder vielleicht sogar schon weiter.
Schritt 2: Dann startest du damit, deine Teller-Hand tiefer zu halten, zählst aber wieder kürzer und beobachtest deinen Hund sehr genau, damit du den Bogen nicht überspannst. Irgendwann kannst du deine Teller-Hand auf den Boden legen und dort die Futterbrocken draufzählen, während dein Hund ruhig warten kann. Er hat die Übung verstanden.
Schritt 3: Dann kannst du die Teller-Hand weglassen und die Futterbrocken auf den Boden legen, bleibe dabei aber noch in der Hocke. Ab dieser Schwierigkeitsstufe kannst du die Futterbrocken nicht mehr einzeln mit zwischengelagertem Markerwort geben, sondern über die Freigabe zum Suchen. Hier kommen dann später im Alltag die Belohnungsformen zum Einsatz, um die Belohnungszeit aktiv auszudehnen und so an die Wartezeit und Erregungslage anzupassen.
Schritt 4: Nach ausreichendem Üben der vorherigen Schritte kannst du die Futterbrocken im Stehen auf den Boden fallen lassen. Am besten auf einen Untergrund, auf dem sie nicht fröhlich durchs Zimmer springen und es deinem Hund so noch schwerer machen. Drehe dich etwas seitlich, so dass du zwischen Futterbrocken und Hund stehst. Auch hier nutzt du am Ende im passenden Moment das Markerwort/Clicker, gibst die Freigabe zum Suchen und nutzt anschließend die Belohnungsformen, um die Belohnungszeit anzupassen.
Schritt 5: Sobald du die Umgebung veränderst, nutzt du wieder deutlich leichtere Futterwertigkeiten und startest mit der Teller-Hand bei Schritt 1. Und umgekehrt: höherwertiges Futter sollte zuerst in leichter Umgebung geübt werden.

GEMEINSAM IM ALLTAG

Reize zu Hause minimieren

Auch und vor allem dort, wo wir die meiste Zeit mit unseren Hunden verbringen, sollten wir Hintergrundstress und unnötige Konflikte erkennen und noch einmal einen genaueren Blick auf mögliche Veränderungen werfen.

Mein Tipp

Reize reichern die oftmals langweilige Zeit zu Hause für Hunde an. Du solltest aber genau beobachten, wann es Zeit für eine Pause ist, damit dein Hund ausreichend Ruhephasen bekommt.

Jeder Hund nimmt seine Umwelt anders wahr und bewertet sie entsprechend auch individuell. Reagiert der eine besonders sensibel auf Geräusche, sind es beim anderen Gerüche oder Bewegungen, oder auch alles zusammen. Möglicherweise weißt du bei deinem Hund ganz genau, welche Reize seine Erregungslage stärker oder weniger stark beeinflussen. Falls nicht, wäre es hilfreich, den eigenen Blick dahingehend zu schärfen. Diese Erkenntnisse helfen dir später z. B. bei der Wahl einer geeigneten Ruhezone für deinen Hund – diese sollte nämlich dort sein, wo am wenigsten Reize auf deinen Hund einprasseln. Außerdem kannst du in fordernden Zeiten gezielt Reize reduzieren und so alltäglichen Stress minimieren.

RUHEZONEN SCHAFFEN

Mein Hund Kenny liegt sehr gerne auf einer tiefen Fensterbank mit Blick in einen kleinen Teil des Vorgartens. Hier passiert sehr wenig und dennoch gibt es Momente, in denen ich das Rollo vor diesem Fenster herunterlasse. Unwohlsein, anstrengende Tage, zu wenig Auslastung oder Bedürfniserfüllung, Krankheit – es gibt verschiedene Gründe, die dazu führen können, dass sein Stressfass angefüllter ist als sonst. Plötzlich findet er keine Ruhe, springt beim leisesten Geräusch zwischen seinem Kissen und der Fensterbank hin und her. Ich nehme dieses Verhalten nicht nur zum Anlass zu reflektieren, warum sein Stressfass gefüllter ist als normal, sondern unterstütze, am besten schon bevor es soweit ist, in dieser Situation. Ich lasse das Rollo herunter

und reduziere die Reize, die auf ihn einprasseln. Kurz danach findet er Ruhe und kann problemlos entspannen. Bei Kenny sind es visuelle Reize, die sein Nervensystem zusätzlich beanspruchen. Auf einem gewissen Erregungslevel kann er diese schwer ausblenden und so keine passende Entscheidung mehr treffen. Er sucht nach immer weiteren Reizen, bis die Möglichkeit nicht mehr vorhanden ist.
Bei anderen Hunden kann es hilfreich sein, Geräusche durch konditionierte Hörspiele oder Playlists zu überdecken und so eine Reizteilung zu schaffen. Oder aber einen Ruheplatz zu suchen, an dem nicht ständig jemand vorbeiläuft. Betrachte die Zimmer einmal mit den Sinnen deines Hundes:

– Vor welchem Fenster parken Autos und werden Autotüren geschlossen?
– Wo laufen direkt Menschen und Hunde vorbei?
– An welcher Wand sind Bewegungen im Treppenhaus besonders wahrzunehmen?
– Wo herrscht durch Fenster offene Sicht?

Es kann hilfreich sein, Fenster mit Milchglasfolie zu bekleben, große Pflanzen oder Rollos zur Reduzierung der Sicht entsprechend zu platzieren. Um Geräusche zu dämmen, können in Ruhephasen Türen bewusst geschlossen werden. Vielleicht montierst du an der Haustür einen Zugluftstopper, um Gerüche zu minieren.
Wie immer gilt es, einen individuellen Blick auf die Situationen zu werfen. Manchmal sind es genau diese pragmatischen, kleinen Dinge, die den Ausschlag geben.

Ein freier Blick nach draußen – ob das passend ist, sollte individuell und situativ entschieden werden.

»Wer die Sicherheitszone
ernst nimmt,
eröffnet dem Hund
eine wunderbare
Möglichkeit für klare
Kommunikation,
Selbstwirksamkeit und
selbstkompetentes
Handeln.«

Liegen auf der Decke ist nicht immer entspannend!

Man möchte meinen, mit dem Kauf eines Körbchens oder einer Decke ist es auch schon erledigt: Ist der Hund müde, schläft er einfach. Auf einige Vertreter mag das genau so zutreffen, auf viele andere aber nicht. Ich habe schon erklärt, wie es überhaupt zu Entspannung kommt, und dass eine ruhige Körperoberfläche noch lange keine Ruhe im Inneren bedeuten muss. Es hilft also nicht, den Hund auf sein Kissen zu verweisen, oder ihn gar in eine Transportbox zu sperren. Die, am Rande erwähnt, diesen Namen deshalb hat, weil sie nur für den Transport gedacht ist. Zudem ist die Nutzung einer Box, je nach Land, auch über das Tierschutzgesetzt geregelt. Der Entzug von Selbstwirksamkeit und die Kaskade aus Frust, Wut und einem sehr aktiven Stresssystem führt in Anbetracht der fehlenden Möglichkeiten am Ende zum Aufgeben und vermeintlicher Ruhe. Dass dieser Ort dann augenscheinlich „funktioniert“, ist über Lernverhalten zu erklären. Der Hund weiß, dass er keine Chancen hat, aus der Situation zu entkommen, also fügt er sich.

Oase der Entspannung

Eine Ruhezone sollte von Anfang an mit Wohlfühlhormonen aufgeladen werden, dieser Ort soll schließlich zu einer Oase der Entspannung werden. Er kann später direkt als Regulation dienen, Geborgenheit und Sicherheit vermitteln, wenn du nicht zur Verfügung stehst. So bildet die Ruhezone eine wichtige Grundlage fürs entspannte Alleinebleiben. Hat der Hund gelernt, dass an diesem Ort keinerlei Übergriffe stattfinden, kann er selbstkompetent handeln und Stress aktiv aus dem Weg gehen, indem er die Ruhezone aufsucht. Dass der Hund in seiner Ruhezone tabu ist, gilt für Kinder im eigenen Haushalt, ebenso für Besucher und auch dich selbst, wenn es darum geht, die Körpergrenzen des Hundes zu achten.

Eine Ruhezone, das eigene „Zimmer“ für den Hund, sollte auch mit Wasser und Möglichkeiten zur Selbstbeschäftigung ausgestattet sein.

Qualität von Ruhezonen

Doch welche Qualitäten muss eine Ruhezone mitbringen, um deinem individuellen Hund ihren besten Dienst erweisen zu können? Es geht dabei nicht um die menschliche Bewertung eines Kuschelortes, das hat mir Kenny sehr gut beigebracht. Er war auf Fliesen konditioniert, weshalb in seine Ruhezone Fliesen einzogen und er statt auf Dielenboden, Kuscheldecken oder Kissen lieber selig auf seinen Fliesen schlief. Betrachte den Ort aus der Perspektive deines Hundes. Nähe zu Geräuschen, Fenstern und anderen Reizen müssen überdacht werden. Einige Hunde gehen für Schlafphasen aus dem Gemeinschaftsraum hinaus. Für andere Vertreter wäre das undenkbar, da sie für Schlaf die Nähe ihres Menschen brauchen. Manche Hunde brauchen eine kühlere Umgebung, andere brauchen es kuschelig und warm. Auch der direkte Zugang zu Wasser sollte in der Ruhezone ermöglicht werden. Einige Hunde bemerken ihren Durst erst durch Ruhe, oder der Gang zum Wassernapf führt an einigen Reizen vorbei, die den Hund sofort wieder auf ein erhöhtes Erregungslevel bringen. Bei der Gestaltung der Ruhezone kannst am Ende nur du mit deinem Hund selbst eine individuelle Umsetzung erarbeiten. Nach dem Motto **„Anbieten, Beobachten, Reflektieren, Anpassen“** werdet ihr herausfinden, was das Beste ist. Natürlich kann eine Decke oder ein Kissen an einem passenden Ort ausreichen. Bei jungen und schnell erregbaren oder ängstlichen Hunden wird es damit aber nicht getan sein.

Individuell verschieden

Ich persönlich mag für Welpen, junge und ängstliche Hunde Achteck-Steckgitter, bei denen die Tür geöffnet bleibt. Hier kann über einen Bereich gerne ein Tuch gehängt werden. Viele Hunde mögen höhlenartige Ruheplätze, zudem bietet es Sichtschutz. Eine große Hundebox, mit offener Tür, kann z. B. zwischen Sofa und Wand platziert werden, was vor allem in Haushalten mit kleinen Kindern ein sicherer Platz sein kann.
Andere Hund haben mit Hundeboxen schlechte Erfahrungen gemacht, weshalb sie unpassend als Ruhezone wären. Ein ruhiger Raum, der nicht mit Spiel, Spaß und Training mit dem Menschen verknüpft ist, kann mit einem Türgitter versehen werden. Aufgeräumt und entsprechend ausgestattet wird er zur Ja-Umgebung.

RUHEZONE FÜR JUNGE HUNDE

Gerade bei jungen Hunden sollte bei der Ruhezone nicht nur an Liegen und Schlafen gedacht werden, auch ruhige Selbstbeschäftigung spielt eine wichtige Rolle. Phasen von Langeweile führen über Frustration zu hohem Erregungslevel und so zu unerwünschtem Verhalten. Ruhige Beschäftigungen können hingegen eine erneute Ruhephase ermöglichen.

Zusätzlich sollte in einer Zimmerecke ein passender Ruhebereich gestaltet werden. Ich kenne etliche Hunde, die das Menschenbett als Ruhezone auserkoren haben. Hier riecht es sehr stark nach der wichtigen Bezugsperson, was Sicherheit gibt. Außerdem dürfte dort tagsüber die meiste Ruhe herrschen und der Ort durch die Nachtruhe schon entsprechend aufgeladen sein. Das muss man mögen und kann nur passen, wenn man selbst dort noch ausreichend Platz und Schlaf finden kann. Bei der Entscheidung und Gestaltung fließen die Lebensrealitäten, die Hausregeln und Vorstellungen an das Miteinander ein.

Raum zum Ausprobieren

Bei Welpen und jungen Hunden in der oralen Erkundungsphase sollte die Gestaltung der Ja-Umgebung besondere Aufmerksamkeit bekommen. Der Hund lernt erst gar nicht, sich mit gewissen Dingen zu beschäftigen, und der Mensch muss nicht ständig intervenieren. Wir wünschen uns später einen Hund, der sich selbst beschäftigen kann, dafür braucht er auch Möglichkeiten und Raum zum Ausprobieren und Erkunden. Wer jegliche Selbstwirksamkeit genommen bekommt, ist natürlich umso mehr auf den Menschen angewiesen, wenn es um Beschäftigung und Bedürfniserfüllung geht. Was, nebenbei erwähnt, das spätere Alleinebleiben erschwert, wenn wir uns für Beschäftigungen im häuslichen Bereich unabdingbar gemacht haben.

Fördere von Anfang an auch ruhige Selbstbeschäftigung bei deinem Hund.

1

2

1. Die Gesellschaft des Menschen kann am Anfang wichtig sein. Beschäftigung geht allerdings nicht von ihm aus.

2. Der Mensch baut kleinschrittig mehr Abstand zur Ruhezone auf, sodass der Hund weiterhin entspannt bleibt.

3. Passende Futterbeschäftigungen können als Brücke zu Ruhe unterstützen.

Aufbau der Ruhezone

Je nach Hund sollte der Aufbau der Ruhezone sehr kleinschrittig erfolgen. Bedenke, dass dein Hund zu jeder Zeit echte Wahlmöglichkeiten haben sollte. Locke ihn also nicht mit besonderen Snacks in eine Box. Die Annäherung soll selbstgewählt sein. Muss dein Hund sich überwinden, wird das Abstandaufbauen danach als Erlösung empfunden und die Annäherung so abgewertet. Also das genaue Gegenteil von dem, was wir im Kopf hatten. Nutzt du dein Büro als Ruhezone, baue davor das Pause-Wort auf (siehe S. 106 f.). Stelle eine Kiste mit passenden Selbstbeschäftigungen zusammen und wähle einen Zeitraum aus, den dein Hund als Ruhezeit kennt. Das Türgitter schließt du nur, wenn du mit deinem Hund im Raum bist. Zeigt dein Hund Unwohlsein, überlege dir, welche Bedürfnisse noch fehlen, damit er entspannen kann, ob der Zeitpunkt richtig gewählt war, oder ob du das Pause-Wort mit entsprechender Selbstbeschäftigung noch einmal kleinschrittiger aufladen solltest.
Möchtest du für deinen Hund einen Bereich im Zimmer abtrennen, stelle das Gitter erst einmal auf, platziere nicht direkt das Lieblingskissen deines Hundes darin, damit er sich an das Gitter gewöhnen kann und du beobachten kannst, wie er es erkundet. Du kannst um das Gitter, sowohl innen wie auch außen, Futterbrocken verteilen, die dein Hund selbstwirksam aufsammeln kann. Nimmt er nur die Futterbrocken vor dem Gitter auf, solltest du dort erneut welche platzieren, damit echte Wahlfreiheit bestehen bleibt.

3

Bleib zu Beginn dabei!

Sucht dein Hund die Ruhezone immer öfter auf, kannst du ihm gerne Gesellschaft leisten, wenn für ihn Ko-Regulation wichtig ist. Nutze dein Pause-Wort, sei anwesend und beschäftige dich mit etwas, das deinem Hund *„mein Mensch ist nun langweilig“* vermittelt.
Kann dein Hund gut entspannen, ziehst du dich nach einigen Tagen Stück für Stück zurück. Vielleicht sitzt du erst einmal außen am Gitter auf dem Boden oder auf einem Stuhl, der immer weiter vom Gitter wegwandert. Starte gerne auch damit, deinem Hund in aktiveren Phasen des Tages in der Ruhezone z. B. Futterbeschäftigungen anzubieten.
Auch die täglichen Mahlzeiten kannst du ihm dort geben, falls dein Hund bei der Fütterung ein erhöhtes Sicherheitsbedürfnis hat, z. B. im Haushalt mit sehr kleinen Kindern oder im Mehrhundehaushalt.
Du kannst dem Ruhebereich gerne einen Namen geben und diesen nutzen, um deinem Hund in stressenden Situationen die Idee zu geben, sich in der Ruhezone Zuflucht zu suchen. Steigere die Schwierigkeit, damit die Ruhezone auch für sich allein regulierend wirkt und dein Hund nicht nur auf dich angewiesen ist. Schließlich sind wir nicht immer anwesend und möchten einen selbstkompetenten Hund. Hohe Erregungslagen können trotz guter Vorbereitung dazu führen, dass dein Hund Hilfe benötigt (mal reicht ein Kausnack oder passendes Spielzeug, mal braucht es Hilfe über Ko-Regulation).

Konditionierte Entspannung

Kennst du Situationen, in denen du ein Lied hörst, oder einen bestimmten Duft in die Nase bekommst und sofort Erinnerungen und Emotionen in dir aufkeimen?

Genau das machen wir uns für unsere Hunde zunutze und stellen eine Verknüpfung zwischen Entspannung und einem Wort, Sichtzeichen, Geruch oder Geräusch her. Du bekommst hier eine weitere Möglichkeit, um deinen Hund in erregenden Situationen, in denen er für Futter, Spiel oder andere Interaktionen mit dir nicht mehr zu haben ist, unterstützen zu können. Das Target wäre z. B. ein sichtbares Signal für Entspannung (siehe S. 115 f.), oder du baust eine Entspannungsdecke auf. Auch eine spezielle Berührung oder ein Wort können mit Entspannung verknüpft werden. Verdeutliche dir bei der konditionierten Entspannung bitte wieder, dass die Körperoberfläche nicht zwangsläufig die Emotionen deines Hundes im Inneren widerspiegelt. Du solltest also nicht erwarten, dass dein Hund von höchster Erregung durch ein Entspannungswort einschläft. Durch den speziellen Aufbau sinkt das Erregungslevel ein Stück weit ab, so dass dein Hund sich z. B. auf isometrisches Anfassen einlassen kann. Er kann wieder ein zur Situation passendes Signal ausführen, eine

AUFBAU, NUTZEN UND AUFLADEN

Wir müssen Aufbau, Nutzen und Aufladen unterscheiden. Der Aufbau bedeutet: Dein Hund zeigt schon Entspannung, zu der du das Signal (Duft, Wort, Musik…) hinzufügst. Im Nutzen gibst du das Signal in einer Situation, um ein punktuelles Abflachen der Erregungskurve zu erreichen oder vorausschauend einem hohen Anstieg vorzubeugen. Nach dem Nutzen muss das Signal wieder auf „die Ladestation" gelegt werden, dafür nutzt du die Schritte des Aufbaus.

Entspannung kann aktiv durch den Menschen unterstützt werden.

Futterbelohnung nehmen oder sich kurz vom Reiz abwenden und mit dir spielen. Das durch die konditionierte Entspannung ausgelöste kurzfristige Absinken der Erregungskurve lässt uns den Fuß in die Tür zur Aufmerksamkeit des Hundes bekommen.

DÜFTE, GERÄUSCHE ODER SIGNALE

Wir nutzen die klassische Konditionierung und verknüpfen Duft, Geräusch oder Signal mit Entspannung. Für den Aufbau ist es also wichtig, dass dein Hund schon entspannt ist, damit diese Emotionslage mit Duft, Geräusch oder Signal verknüpft wird. Du kannst nach und nach alles aufbauen, starte jedoch mit einem. Wähle dafür den Sinn aus, der bei deinem Hund unter Stress deutlich ausgeprägt genutzt wird. Zusätzlich verstärkt durch eine vorherige Verknüpfung mit Ruhe, erschaffen wir eine gezielte Reizteilung. Gerüche werden direkt emotional verarbeitet, was den Aufbau etwas erleichtert. Überlege dennoch, was für deinen Hund der passende Sinneskanal ist. Ein Hund, der schneller auf kleinste Geräusche reagiert, profitiert davon, wenn es eine akustische Reizteilung gibt. Reagiert dein Hund sehr sensibel auf Gerüche, wähle einen Duft aus, den du mit Entspannung verknüpfst. Sucht dein Hund sehr schnell Körperkontakt, kann es eine spezielle Berührung sein. Ein Wortsignal z. B., kann später leichter punktuell auch draußen Einsatz finden.
Da ich nicht möchte, dass mein Hund von mir abhängig ist, wenn es um Entspannungsmöglichkeiten geht, habe ich nach und nach alles aufgebaut, sodass Kenny auch in Alleinezeiten entspannende Unterstützung an seiner Seite hat.

Setze ein naturreines ätherisches Öl immer verdünnt ein. Du kannst es direkt auf den Schlafplatz deines Hundes aufbringen.

Düfte

Es gibt gewisse ätherische Öle, denen nachgesagt wird, dass sie von sich aus entspannend wirken, z. B. Lavendel, Kamille und Zitrone. Dennoch solltest du sie über die später folgende Anleitung konditionieren. Beachte bei Ölen bitte, immer naturreine Düfte zu nutzen und sie mit Wasser oder einem neutralen Öl zu mischen. Ich nutze hierfür eine kleine Sprühflasche aus dem Bastelbedarf, in die ich einen Tropfen des Öls gebe und den Rest mit Wasser oder Mandelöl auffülle. Du kannst von dem Gemisch einen Sprühstoß auf ein Tuch geben, oder auf den festen Nachtschlafplatz deines Hundes, falls es nicht der Platz ist, zu dem er tagsüber auch auf Signal und mit Belohnungserwartung geschickt wird. Für den späteren Einsatz kannst du ein Halstuch oder eine Decke einsprühen, um deinen Hund in stressenden Situationen außerhalb der Wohnung zu unterstützen.

Akustische Signale

Hier ist wichtig zu bedenken, dass es keine monotone Melodie sein sollte, aus der plötzliche Geräusche deutlich hervorstechen. Außerdem solltest du selbst von der Musik oder dem Hörspiel nicht genervt sein – auch wenn es nicht sehr laut gestellt werden muss, wirst du es hören. Es kann ein Podcast oder Hörbuch sein, in dem immer die gleiche Person spricht, oder eine Playlist mit einer gleichbleibenden Auswahl an Liedern. Nur dann kann auch eine klassische Konditionierung stattfinden. Oder wähle ein Wort, das noch keinerlei andere Bedeutung in eurem Alltag hat. Der Wortklang sollte ruhig sein. Die Klassiker sind langgezogen ausgesprochen: „Easy“ und „Ruhig“, in meinem Kundenstamm wurde auch „Om“ genutzt. Dieses Signal ist keine Aufforderung, du wiederholst es im Aufbau gerne 2 – 4 Mal, mit deutlichen Pausen dazwischen, und in genau demselben Stimmklang. Genießt dein Hund Massagen und Berührungen, kannst du das Wortsignal auch gerne in diesen Situationen einfließen lassen. Das Signal wird im späteren Nutzen nie mit Druck oder veränderter Stimme wiederholt.

Sichtsignal

Du kannst ein spezielles Kuscheltuch nutzen, das euch später außerhalb der Wohnung begleiten kann, oder deinem Hund ein Halstuch umlegen – falls er davon nicht aus seinem Ruhemodus gebracht wird. Möchtest du sichtbare Objekte nutzen, wähle gerne wieder wie beim Target etwas in Blau. Der Vorteil der sichtbaren Objekte ist, dass sie gleichzeitig mit dem Pause-Wort konditioniert werden können.

1. Ein Tuch kann sowohl als Sichtsignal aufgebaut, wie auch mit einem Duft versehen werden.

2. Platziere den Lautsprecher später genau dort, von wo ablenkende Geräusche kommen.

1

2

1

1. Auch unterwegs profitiert das Nervensystem durch gemeinsame Entspannung.

2. Kündige Berührungen immer an, damit dein Hund entscheiden kann, ob der Moment passt.

AUFBAU KONDITIONIERTER ENTSPANNUNG

– Bringe deinen Hund bitte nicht in Trainingslaune oder Erwartung, du brauchst hier kein Markerwort/Clicker oder Futterbelohnungen.
– Nutze Situationen, die in eurem gemeinsamen Alltag vorkommen: Dein Hund liegt z. B. an dich gekuschelt auf dem Sofa oder hat es sich auf seinem Ruheplatz gemütlich gemacht. Vielleicht massierst du ihn gerade und er döst dabei.
– Nun gibst du zu der vorhandenen Entspannung entweder Duft, Wortsignal oder drückst auf Play bei der Musikliste.
– Achte dabei darauf, deinen Hund in seiner Entspannung nicht zu stören. Legst du z. B. ein Tuch mit dem vorher aufgebrachten Duft vor ihm ab, wähle einen passenden Abstand und den Zeitpunkt so, dass er sich nicht erschrickt.
– Gib das Wortsignal ruhig, aber in normaler Lautstärke, da du es später auch draußen nutzen möchtest. Schaue deinen Hund dabei nicht direkt an.
– Bei allen Signalen, die du aufbaust, können gerne auch Körperkontakt, Massagen oder Streicheleinheiten genutzt werden. Die Voraussetzung ist, dass dein Hund Entspannung dabei findet und Berührungen genießt, sonst bleibst du bitte auf Abstand.
– Sobald dein Hund aktiver wird, nimmst du das Tuch mit dem Duft weg, stoppst die Musik oder das Hörspiel, packst die Kuscheldecke weg oder nimmst das Halstuch ab. Klassische Konditionierung geht sehr schnell, dennoch rate ich dazu, den Aufbau zwei Wochen beizubehalten und erst dann Situationen auszuwählen, in denen die konditionierte Entspannung genutzt wird.

2

EINSATZMÖGLICHKEITEN

Es gibt viele Einsatzmöglichkeiten für die konditionierte Entspannung. Zum Beispiel beim Spiel mit dem Hundekumpel, bei dem es langsam aber sicher zu wild wird. Hier kannst du dein aufgebautes Entspannungswort einbringen. Rufe deinen Hund danach kurz zu dir, bevor es weitergeht im Spiel. Oder dein Hund beobachtet in der Entfernung einen fremden Hund, du siehst ihm an, dass es nicht mehr lange dauert, bis er in die Leine rennt oder bellt. Du gibst euer konditioniertes Wortsignal und bietest deinem Hund danach das isometrische Anfassen oder euer Target an. Vielleicht kommt ihr von einem aufregenden Spaziergang, dein Hund hat Schwierigkeiten in die Entspannung zu finden? Du schaltest die konditionierte Musik an und sprühst etwas Duft in seine Ruhezone. Wenn ein Besuch in der Tierarztpraxis bevorsteht oder vielleicht eine lange Autofahrt, könntest du deinem Hund ein Halstuch mit dem konditionierten Duft umlegen oder während der Fahrt die konditionierte Musik laufen lassen. Auch auf Entspannungsstationen auf euren strukturierten Spaziergängen kann die konditionierte Entspannung ihren Dienst leisten. Das sichtbare Objekt kann platziert werden oder gezielt aufgebaute Berührungen ihren Einsatz finden. Halte einen klaren Ablauf ein: Der Mensch sitzt immer am Boden, der Hund kommt auf den Schoß oder in die Nähe des Menschen. Der Hund bestimmt, welche Art der Nähe die passende ist. Währenddessen kann das Entspannungswort einfließen.
Auch bei der Ruhezone kann die konditionierte Entspannung ihren Einsatz finden. Überlege hier, was für deinen Hund passend wäre, und nutze es situativ, um die Ruhezone mit zusätzlicher Entspannung aufzuladen.

Mein Tipp

Hast du die konditionierte Entspannung in einer Stresssituation genutzt, lade sie 3 bis 5 Mal über die ersten Schritte des Aufbaus wieder auf.

Wenn Besuch kommt

Kommen Menschen, die nicht zur Kernfamilie gehören, in die Wohnung, führt das meist zu hoher Erregung bei Hunden. Hier braucht es klare Rituale für Erwartungssicherheit.

Unangekündigter Besuch fordert meist noch mehr, denn wir selbst konnten uns nicht auf den Moment vorbereiten und reagieren deshalb anders, vielleicht sogar hektisch. Diese Situationen stecken meist voller Erwartungsunsicherheit und auch bei uns Menschen löst die Haustürklingel einen kurzen Schreck aus, obwohl unser Hörvermögen nicht annähernd so gut ist wie das von Hunden.
Unsere Hunde sind oftmals gewohnt, dass es etwas hektisch wird – Paketdienste z. B. warten nicht und wir müssen uns beeilen. Eine fehlende Routine und damit klare Struktur für den Hund bringt uns manches Mal ins Schwitzen. Je nach Hundetyp wird aus der brisanten Mischung von hoher Erregungslage und Erwartungsunsicherheit, vielleicht sogar sozialen Ängsten, eine Situation geschaffen, in der aggressives Verhalten wahrscheinlicher auftritt. Gerade dann ist es wichtig, Routinen aufzubauen, die dem Hund Sicherheit geben. Der Aufbau sollte frustarm und mit Blick auf das „Stressfass" gestaltet werden. Die folgenden Übungen stellen eine allgemeine Basis dar. Zeigt dein Hund jedoch Angst- oder Aggressionsverhalten Personen gegenüber, braucht ihr individuelle Hilfe. Denn diese Grundemotionen müssen in der Basis für erfolgreiches Training zuerst verändert werden.

Mein Tipp

Starte am besten direkt mit dem Einzug deines Hundes mit einem „Türklingel-Ritual".

GEH AUF DEINE DECKE

Es gibt viele Situationen und Möglichkeiten, in denen man ein eindeutiges Signal für einen speziellen Ort nutzen kann – ob eine Decke, ein Kissen oder ein kleines Handtuch ist am Ende völlig egal. Wichtig ist nur, mit dem von dir gewählten Signal ist nur dieser spezielle Ort gemeint. Diese Klarheit hilft dir beim Training und der späteren Umsetzung und erzeugt bei deinem Hund Erwartungssicherheit. Der ausgewählte Ort soll keinesfalls als Bestrafung über Korrekturschleifen oder dem Fixieren mit einer Leine durchgesetzt werden. Frust und soziale Unsicherheit der Bezugsperson gegenüber würden nicht das erwünschte Ziel erreichen. Dein Hund soll sich hier wohl und sicher fühlen. Der Ort entwickelt Zugwirkung, weil dein Hund im Laufe des Trainings lernt: länger bleiben bedeutet, mehr Belohnungen an diesem Ort zu bekommen.

Die Zeigegeste kommt ggf. als Hilfe erst nach dem Wortsignal.

Ort und Signale

Der Aufbau ähnelt dem des Targets, ich bevorzuge dennoch etwas Eigenständiges aufzubauen, denn hier soll dein Hund eventuell einige Zeit verweilen, es muss in der Struktur also zum Ruhen und Entspannen einladen. Du kannst hierfür gerne die Ruhezone nutzen, falls du deinem Hund leicht über das Pause-Wort trainingsfreie Zeit übermitteln kannst. Bei sehr jungen Hunden kann diese Vermischung zu hoher Erwartung führen, die wir in der Ruhezone nicht möchten. Hast du als Ziel, dass dein Hund aus einer gewissen Entfernung, vielleicht sogar aus einem anderen Zimmer, auf Signal zu diesem speziellen Ort gehen kann? Dann musst du im Aufbau ganz besonders darauf achten, das Wortsignal, z. B. „Decke", und die Handgeste, z. B. der Zeigefinger Richtung Decke, nicht gleichzeitig zu geben.

1. Trennt man Wortsignal und Zeigegeste gewissenhaft, kann die Zeigegeste schnell wegfallen.

2. Lege für zusätzliche Zugwirkung die Belohnung auf dem Kissen ab, und gib sie nicht direkt ins Maul.

3. Dehne die Zeit auf dem Kissen über zeitversetzte Belohnungen aus.

4. Das Auflösen findet immer direkt beim Hund statt. Nach einem Signal folgt eine Belohnung weg vom Kissen.

Aufbau der Übung

Schritt 1: Du stehst direkt neben dem Kissen, dein Hund ist motiviert und beobachtet dich. Nun gibst du dein Wortsignal, wartest 2 – 3 Sekunden und führst deinen Hund danach mit einer Handgeste Richtung Kissen. Falls nötig, nimm einen Futterbrocken in die Hand, damit dein Hund folgt. Führst du diesen Schritt gewissenhaft aus, wird nach einiger Zeit das Wortsignal reichen und dein Hund benötigt die anschließende Handgeste nicht mehr.

Schritt 2: Sobald dein Hund auf dem Kissen ist, gibst du Markerwort/Click und platzierst einen Futterbrocken direkt vor ihm auf dem Kissen. Er darf ihn sich sofort nehmen, animiere ihn falls nötig. Auch hier baust du zusätzliche Zugwirkung auf, indem dein Hund von Anfang an lernt, dass die Futterbrocken auf dem Kissen gegeben werden. Dein Hund darf zu jeder Zeit selbst die Position auswählen. So wird die situative Erregungslage leichter sichtbar und du kannst ihn später angepasster unterstützen.

Schritt 3: Die Zeit auf dem Kissen kann verlängert werden, indem du direkt ein weiteres Mal markerst/clickst, danach folgt erneut eine Futterbelohnung. Wiederhole das einige Male und verlängere die Zeit zwischen den Markerworten. Beobachte dabei deinen Hund genau, damit du rechtzeitig vor einem möglichen Fehler erneut Marker und Belohnung geben kannst. Achte bei diesem Schritt noch einmal ganz besonders darauf, deine Hand erst nach dem Markerwort Richtung Leckerlitasche zu führen. Futter in der Hand oder der Griff Richtung Leckerlitasche sind Ablenkungen, die erst später ganz bewusst eingebaut werden können.

1

2

Schritt 4: Richtiges Auflösen! Merke dir von Anfang an: Dieses Signal wird immer direkt beim Hund und eindeutig aufgelöst. Auch wenn du im späteren Verlauf weit entfernt sein kannst, gehe zum Auflösen bitte zurück. Diese Erwartungssicherheit führt dazu, dass dein Hund leichter entspannen kann und nicht die ganze Zeit horcht, ob du vielleicht doch etwas zu ihm gesagt hast. Ich persönlich nutze das Signal „Ab" und rolle im Training anschließend eine Futterbelohnung über den Boden. Im Alltag gebe ich das Signal und lasse meinen Hund entscheiden, was er tun möchte.

Schritt 5: Warte ab, was passiert, nachdem du die Übung aufgelöst hast und dein Hund sich den Futterbrocken geholt hat. Wahrscheinlich kommt er direkt zurück und geht Richtung Kissen. Dann starte gerne mit einer neuen Runde und gib kurz vor dem Kissen dein Wortsignal. Folge Schritt 1–4.

Am Ende der Trainingseinheit gibst du das Pause-Wort und kündigst so das Ende des Trainings an. Du kannst deinem Hund auch eine Futterbeschäftigung geben, damit ihm die anschließende Selbstbeschäftigung leichter fällt.

Hast du diese Schritte so oft wiederholt, dass sie für deinen Hund und dich keine Schwierigkeit mehr darstellen, versuche die Ablenkungen zu erhöhen. Gib das Wortsignal z. B. einen Schritt vom Kissen entfernt, dann zwei usw. Oder du bewegst dich, während du die Zeit am Kissen ausdehnst. Vielleicht rollst du nach einigem Training auch mal einen Ball durchs Zimmer oder lässt einen Futterbrocken fallen. Behalte den Fokus auf möglichst fehlerfreiem Lernen.

Mein Tipp

Mithilfe dieses Signals kannst du deinen Hund situativ in den Abstand schicken und angespannte Situationen mit Handlungssicherheit versehen.

3

4

1

2

3

1. Der Hund schaut ganz genau zu, wie ein Futterbrocken in die Dose fällt.

2. Das Scheppern der Leckerlis in der Dose verspricht eine Belohnung.

3. Falls nötig, kann über das Sichtzeichen „Sitz" Hilfe gegeben werden.

DIE MACH-SITZ-DOSE

Die Mach-Sitz-Dose ist ein Klassiker, wenn es um Rituale beim Empfangen von Besuch geht. Hast du sie mit deinem Hund etabliert, kann diese Dose gegebenenfalls auch von Besuchern selbst genutzt werden. Auch die anderen Familienangehörigen profitieren von deinem Training und schon die Kleinsten der Familie können mit entsprechender Hilfestellung über die Dose positiven Kontakt und Rituale mit dem Hund etablieren. Durch den kleinschrittigen Aufbau wird dein Hund lernen, dass das Klappern der Leckerlis in dieser speziellen Dose folgende Bedeutung hat: *„Komm zu mir, sobald du dich hinsetzt, öffne ich die Dose und gebe dir über die Belohnungsform Plumps eine Futterbelohnung."* Gerade die Belohnungsform führt dazu, dass schon kleine Kinder wunderbar einbezogen werden können, denn der Hund hat keine Futtererwartung aus der Hand. Ebenso macht das Hochspringen am Menschen keinen Sinn mehr, wenn die Belohnung ritualisiert auf dem Boden stattfindet.

Sensibel auf Geräusche

Reagiert dein Hund auf plötzliche Geräusche sensibel, solltest du den Aufbau entsprechend kleinschrittig gestalten, aber nicht von vornherein ausschließen. Wenn dein Hund lernen darf, dass Geräusche auch verlässlich etwas Positives vorhersagen können, kann das einen Gewinn für ihn darstellen. Achte zu jeder Zeit auf feine Körpersignale und passe den Aufbau dementsprechend an.

Wähle eine Dose aus, die du ggf. später auch gut mit auf Spaziergänge nehmen kannst. Bei sensiblen Hunden eignet sich zu Beginn besser eine Plastikdose, die nicht so laute Geräusche erzeugt. Ich nutze gerne kleine, runde Blechdosen, die ohne Probleme in die Leckerlitasche passen. Du benötigst sowohl trockene Futterbrocken, die man gut klappern hört, als auch sehr hochwertige Futterbrocken, damit die Dose eine hohe Wertigkeit bekommt.

Stufe 1: Öffne die Dose und lege einen der sehr hochwertigen Futterbrocken hinein. Den Deckel der Dose brauchst du für den ersten Schritt nicht, weshalb du ihn zur Seite legen kannst. Du hältst die Dose in der Handfläche, je nach Hundepersönlichkeit gerne auch in deinem Pulloverärmel, um eine noch stärkere Dämpfung zu erzielen. In die andere Hand nimmst du einen trockenen Futterbrocken. Dein Hund sollte genau sehen können, was du tust. Lasse ihn am Futterbrocken in deiner Hand schnuppern, so erzeugst du positive Futtererwartung. Nun lässt du den trockenen Futterbrocken in die Dose fallen und erzeugst so ein Geräusch. Du nimmst dir direkt nach dem Geräusch den hochwertigen Futterbrocken aus der Dose und gibst ihn deinem Hund. Wiederhole das mindestens fünfmal, bevor du eine Pause machst. Beim nächsten Durchgang hältst du die Dose so, dass das Geräusch lauter und nicht von deiner Handfläche gedämpft wird. Dein Hund sollte zu jeder Zeit Vorfreude bei dieser Übung zeigen.

Stufe 2: Du legst zu dem hochwertigen mehrere trockene Futterbrocken in die Dose und schließt sie mit dem Deckel. Nun schüttelst du sie zaghaft, öffnest sie direkt danach und gibst deinem Hund den hochwertigen Futterbrocken. Wiederhole das einige Male und schüttle die Dose nach und nach ganz normal.

Stufe 3: Nun baust du ein paar Schritte Abstand zu deinem Hund auf und schüttelst die Dose. Hast du die ersten beiden Stufen kleinschrittig aufgebaut, wird dein Hund zu dir kommen – locke ihn sonst gerne über eine Handgeste zu dir. Viele Hunde setzen sich ganz automatisch direkt vor ihre Menschen. Falls dein Hund stehen bleibt, sei ihm behilflich und gib ihm das Handzeichen für „Sitz“.

Gib das Markerwort für das erwünschte Verhalten, öffne erst dann die Dose und belohne deinen Hund danach mit dem hochwertigen Futterbrocken. Wiederhole diesen Schritt solange, bis dein Hund sich automatisch setzt und er das Handzeichen nicht mehr als Hilfe benötigt. Baue immer weiteren Abstand auf.

Mein Tipp

Verknüpfe die Mach-Sitz-Dose zu Hause später mit einem eindeutigen Belohnungsort, z. B. der vorher aufgebauten Decke.

Manche Besucher möchten unbedingt in Kontakt mit dem Hund gehen, über die Mach-Sitz-Dose geht das positiv und ritualisiert.

Stufe 4: Nun führst du bei Bedarf die Belohnungsform „Plumps" ein. Wie bei Stufe 3 beschrieben, gibst du für das „Sitz" dein Markerwort, öffnest die Dose und holst eine Futterbelohnung heraus. Nun gibst du deutlich das Signal „Plumps" und belohnst am Boden. Behältst du das ab jetzt bei, wird daraus ein sicheres Ritual. Ist die Mach-Sitz-Dose gut aufgebaut und bringt euch Spaß und Erleichterung im Alltag, achte darauf, dass sie immer einsatzbereit und mit trockenen Futterbrocken gefüllt ist. Meiner Erfahrung nach ändert sich das Geräusch durch den Füllungszustand, weshalb es ratsam sein kann, stattdessen kleine Steinchen in die Dose zu füllen, damit sie sich immer gleich anhört. Dennoch bleibt das Versprechen bestehen: Wenn geschüttelt wurde, gibt es verlässlich eine Belohnung! Du solltest also immer Belohnungen griffbereit haben.
Du kannst eine Dose vor der Haustür platzieren und ausgewählte Besucher instruieren und gemeinsam mit ihnen üben, damit sie sie richtig nutzen. Bei allen anderen Besuchern nutzt du die Dose besser selbst.

Trennungsstress

Kann ein Hund nicht alleine bleiben, belastet das alle Beteiligten. Vorausgesetzt, die Menschen bekommen den Stress überhaupt mit. Nicht alle Hunde zerbeißen Dinge oder bellen langanhaltend, sondern leiden still.

Sie liegen z. B. an der Haustür und bewegen sich über viele Stunden nicht. Manche Hunde können die ersten Tage der Woche auf den ersten Blick problemlos alleine bleiben, aber nach drei Tagen in Folge zeigen sie deutliche Stresssignale. Der Summationseffekt wird erst nach einigen Tagen auch von außen sichtbar, im Inneren des Hundes erzeugt die Alleinezeit also schon die ersten Tage Stress. Trennungsstress muss von zwei Seiten betrachtet werden: Er füllt das Stressfass, erhöht also den Hintergrundstress, und auf der anderen Seite kann ein gefülltes Stressfass dazu führen, dass dein Hund plötzlich Schwierigkeiten mit dem Alleinebleiben hat.

ALLEINEBLEIBEN MUSS GELERNT WERDEN

Das Alleinebleiben muss sehr kleinschrittig und zu jeder Zeit im Wohlfühlbereich des Hundes trainiert werden. Für Hunde ist es nicht natürlich, allein zu sein, schon gar nicht eingesperrt in der menschlichen Wohnung. Zusätzlich müssen wir bedenken, dass diese Fähigkeit ortsverknüpft erlernt wird. Ein Umzug bedeutet also, dass hier wieder sensibel mit Trennungszeiten umgegangen werden muss, ebenso wie im Urlaub nicht erwartet werden kann, dass der Hund in der Ferienwohnung ohne Probleme alleine bleibt. Aus Hundesicht betrachtet ist Trennungsstress logisch erklärbar, da ihr Überleben und Wohlbefinden in dieser Art des Zusammenlebens komplett an uns Menschen geknüpft ist. Bei einigen Hunden kommt hinzu, dass sie gelernt haben: Jegliche Beschäftigung und die Erlaubnis zu Verhalten gehen vom Menschen aus. Der Hund orientiert sich noch stärker am Menschen, was außerhalb der Wohnung erwünscht, beim Thema Trennungsstress aber ein selbst produzierter Stolperstein ist.

Mein Tipp

Befolge bitte keine scheinbar schnellen Lösungen, wo Bindungsverhalten als Kontrollieren dargestellt und in jedem Liegeplatz eine ausgeklügelte Strategie gesehen wird.

Die Zeit ohne den Menschen bedeutet oftmals weniger Bedürfniserfüllung und ist meist deutlich länger, als Entspannungs- und Schlafphasen andauern. Die folgenden Übungen und allgemeinen Grundlagen sollen dazu beitragen, Hintergrundstress zu minimieren, oder einen Start im Training zu finden. Diese Übungen reichen bei bekanntem Trennungsstress jedoch nicht aus. Trennungsstress sollte individuell, in gezielten Einzelberatungen, angegangen werden – oftmals auch mit medikamentöser Unterstützung. Sollte dein Hund bellen, dich nicht zur Haustür hinauslassen, über lange Phasen an einer Stelle liegen, in der Trennungszeit keine Futterbeschäftigung annehmen oder grundlegende Bedürfnisse wie Durst nicht stillen, suche dir bitte individuelle Hilfe.

Mein Tipp

Fördere in der Wohnung früh Möglichkeiten zur Selbstbeschäftigung. Übe das Pause-Wort kleinschrittig und sehr genau an den für die Alleinezeit ausgewählten Orten.

PLANUNG DER TRENNUNGSZEITEN

Bevor du mit den Übungen startest, solltest du in die Planung der Trennungszeiten gehen. Nicht jede Tageszeit bietet sich für das Alleinebleiben an und manche Tagesabläufe sind so routiniert, dass sie mitgedacht werden müssen. Starte also mit folgenden Fragen:

– Zu welchen Tageszeiten und wie lange sollte der Hund alleine bleiben?
– Von wem wird er alleine gelassen?
– Welcher Ort eignet sich besonders gut zum entspannten Verweilen (siehe Aufbau Ruhezone, S. 156 f.)?
– Welche Verhaltensweisen zeigt dein Hund an diesem Ort zu den genannten Zeiten?
– Welche der Verhaltensweisen sind Selbstbeschäftigung?
– Welche an die Anwesenheit oder Beteiligung bestimmter Personen geknüpft?
– Welche Erregungslagen erzeugen die jeweiligen Beschäftigungen an diesem Ort?
– Wie oft in Folge sollte die Alleinezeit stattfinden können?

Mit den neu gewonnenen Erkenntnissen kannst du nun gezielt arbeiten. Fördere z. B. bewusst Verhaltensweisen, die nicht an die Bezugsperson geknüpft und zudem passend für Ort, Zeitfenster und Erregungslage sind. Die Erregungslage kann ausschlaggebend sein, wenn dein Hund Hilfe von dir braucht, um von hohen Erregungslagen in niedrigere zu kommen, sich in diesen Momenten also nicht selbst regulieren kann. Vielleicht hat dein Hund bisher auch nur Strategien, die in der menschlichen Wohnung eher unerwünscht sind: z. B. etwas zu zerkauen oder wie eine wilde Hummel durch die Wohnung zu rasen. Die Ruhezone, konditionierte Entspannung und die Förderung von Selbstbeschäftigung über das Pause-Wort sind dir bei Trennungszeiten behilflich. **Für die ersten Schritte im Training solltest du es deinem Hund so leicht wie möglich machen, wähle also Zeitfenster, in denen dein**

Hund gewohnt ist, von dir keine Bedürfniserfüllung zu bekommen. Selbstbeschäftigung sollte dabei im Vordergrund stehen oder es sind typische Schlafenszeiten.

Überwachung mit Kamera

Auch wenn es bis zu den ersten Minuten oder Sekunden alleine in der Wohnung noch dauert, solltest du damit starten, deinen Hund an eine Kamera zu gewöhnen. Gerade wenn es eine ist, die sich bewegt oder über einen Futterauswurf verfügt. Um gesichert im Wohlfühlbereich des Hundes arbeiten zu können, sehe ich eine Kameraüberwachung als essenziell an. Außerdem hat sie einen enormen Sicherheitsaspekt, den ich nicht mehr missen möchte. Der Markt gibt hier mittlerweile unfassbare Möglichkeiten her, von Kameras mit Futterauswurf und Einbruchalarm, bis hin zu Unterstützung über künstliche Intelligenz. Hier sollte wieder individuell entschieden werden, was sinnvoll und nützlich ist.

DEN RAUM VERLASSEN

Es gibt Phasen innerhalb der Entwicklung, in denen Bindungsverhalten oftmals ausgeprägter gezeigt wird. Grundsätzlich ist es normal, dass Hunde sich dort aufhalten, wo ihre Menschen sind, denn wir sichern schlichtweg ihr Überleben. Ist das Bindungsverhalten und Sicherheitsbedürfnis bei deinem Hund so ausgeprägt, dass du kaum den Raum wechseln kannst, ohne dass dein Hund hinterher kommt, kannst du nicht mit einem Training starten, bei dem du sogar zur Haustür hinaus gehst. Gerade im Hinblick auf Hintergrundstress sollte hier auf frustarme Übungen gesetzt werden, so dass dein Hund sich zu jeder Zeit wohlfühlt. Schleiche dich bitte auch nicht heimlich in Tiefschlafphasen davon. Das führt eventuell dazu, dass dein Hund tagsüber nur noch vor Erschöpfung in tiefen Schlaf fallen kann und alles daran setzt, jegliche Vorboten des Verlassens vorherzusehen.

Lebt dein Hund noch nicht lange bei dir, ist intensives Bindungsverhalten völlig normal – sein Überleben hängt von dir ab.

Sofort in Alarmbereitschaft

Ist dir schon aufgefallen, dass dein Hund bei gewissen Reizen sofort in Alarmbereitschaft verfällt, müssen diese Auslöser in ein späteres Training mit einbezogen werden. Hunde mit Trennungsstress suchen nach der Vorhersage, die ankündigt, dass der Mensch die Wohnung verlassen wird. Zu Beginn war es vielleicht nur der Autoschlüssel, später schon die Jacke, dann ganz bestimmte Schuhe, eine Tasche oder sogar spezielle Kleidung.

Fällt dir dieses Verhalten bei deinem Hund auf, hole dir bitte Hilfe beim Training, damit ihr individuelle Unterstützung bekommt.

In kleinen Schritten zum Ziel

Du kannst die Aktion „Raum verlassen“ kleinschrittig in euer gemeinsames Training einfließen lassen. Diese Übung ist nicht vergleichbar mit dem späteren Verlassen der Wohnung, allerdings kann sie als spielerische Grundlage angesehen werden. Denn hat dein Hund in diesem Setting Probleme damit, dass du den Raum verlässt, ist an Alleinbleiben nicht zu denken.

Übe bitte an dem Ort (mit der Decke oder dem Kissen), an dem du auch das Deckentraining trainiert hast. Dein Hund bringt diesen Ort bereits mit Futterbelohnungen in Verbindung. Es sollte ein Raum sein, in dem es deinem Hund leichter fällt,

1

2

wenn du Richtung Tür gehst, also auf keinen Fall in der Nähe der Haustür. Bei dieser Übung wird das große Ganze, „den Raum verlassen", in ganz kleine Einzelschritte aufgeteilt. Beim Training kann dir die Kamera behilflich sein, damit du deinen Hund nicht direkt anguckst, das könnte ihn aktivieren und Zugwirkung zu dir aufbauen. Dein Hund kann über diese Übung lernen, dass die Bewegungen des Menschen Richtung Tür nicht gleichzeitig bedeuten, dass er für längere Zeit verschwindet, und so schon Auslöser für Unwohlsein sind. Zudem erkennst du, welche deiner Bewegungen den Hund in Anspannung versetzen, und kannst hier einen Fokus im Training setzen.

3

Das Ziel bei dieser Übung ist zu jeder Zeit: Dein Hund zeigt keine Angstreaktion, keine steigende Anspannung und kein Unwohlsein. Dass er interessiert schaut und beobachtet, ist normal – hier ist dein Verständnis für seine Körpersprache gefragt. Werden die Augen geweitet, der Hals länger, setzt er sich plötzlich auf, obwohl er vorher entspannt liegen konnte? Dann bist du zu weit gegangen und es braucht kleinere Schritte.

Aufbau „den Raum verlassen"

– Du startest damit, deinen Hund über eine Handbewegung auf die Decke zu locken. Belohne ihn ohne Markerwort/Clicker oder anregende Lobworte, indem du immer mal wieder einen Futterbrocken direkt vor ihn auf die Decke legst. Die Futterbrocken darf dein Hund sich direkt nehmen. Animiere ihn ggf. dazu und platziere sie auch so, dass er nicht aufstehen muss, falls er sich schon hingelegt hat. Halte die Futterbrocken bitte nicht schon in der geschlossenen Hand, das hat Zugwirkung und führt zu Anspannung. Hole sie erst direkt zur Belohnung aus der Tasche.
– Beginne damit, die Zeit zwischen den Futterbrocken auszudehnen, bewege dich vielleicht ein wenig hin und her. Falls du dich schon schrittweise von der Decke entfernst, achte zu jeder Zeit auf die Körpersprache deines Hundes. Du kommst zurück, bevor es zu einer sichtbaren Reaktion kommt. Du kannst deine Handykamera so im Raum platzieren, dass du deinen Hund darin gut erkennst, aber nicht direkt in seine Richtung schauen musst.

1. Dein Hund sollte nicht mit Stress auf Vorboten von Trennungszeiten reagieren.

2. Belohne deinen Hund ganz ruhig direkt auf dem Kissen.

3. Bewegt sich der Mensch im Raum, sollte der Hund davon nicht gestresst sein.

1

2

1. Bereits der Griff zum Türgriff bereitet einigen Hunden Schwierigkeiten. Trainiere daran in kleinen Schritten.

2. Kannst du den Raum verlassen, solltest du über eine Kamera den Moment des Zurückkommens abpassen – im Wohlfühlbereich des Hundes.

– Die Hand Richtung Türgriff auszustrecken, ist eine einzelne Aktion. Auch in welcher Nähe das zum Türgriff gemacht wird, kann entscheidend sein.

– Die folgende Aufzählung zeigt einzelne Schritte, die nicht innerhalb einer Trainingseinheit im Schnelldurchlauf abgehakt werden sollten: den Türgriff zu berühren; den Türgriff zu betätigen; die Tür einen Spalt zu öffnen und wieder zu schließen; die Tür ganz zu öffnen und wieder zu schließen; durch die geöffnete Tür zu gehen und direkt zurückzukommen; durch die geöffnete Tür zu gehen und diese nach und nach hinter sich zu schließen; die Zeit außerhalb des Raumes zu verlängern; sich von der geschlossenen Tür zu entfernen (was dein Hund hört und riecht). Zu jeder Zeit solltest du es deinem Hund so leicht wie möglich machen und so kleinschrittig vorgehen, dass er keine Anspannung zeigt oder gar aufspringt und seinen Platz verlässt.

– Du solltest innerhalb einer Trainingsrunde nicht mehr als 2 – 4 Wiederholungen machen und deinem Hund danach die Möglichkeit zur Selbstbeschäftigung geben, oder etwas anderes aus dem Beschäftigungsbereich trainieren.

Um den Fokus von dir wegzunehmen, kannst du in diese Übung auch sehr gut einen Futterautomaten einfließen lassen. Dieser sollte dem Hund allerdings schon bekannt sein und nicht zu Erregung oder gar Unsicherheit führen. Er bietet die Möglichkeit, über Entfernung zu belohnen, muss allerdings so positioniert sein, dass dein Hund nicht aufstehen muss. Löse das Training immer eindeutig auf.

Verantwortung und Grenzen

In einer guten Beziehung gilt: Ihr seid beide wichtig! Aber: Du trägst in der Hund-Mensch-Beziehung als erwachsene Person die Verantwortung, kannst Gefahren einschätzen, hast Weitsicht und musst Entscheidungen für euch beide treffen.

Du bist die Person, die entscheiden muss, was für deinen Hund, dich und die Umwelt am besten ist. Ich verstehe, dass man sich manchmal wünscht, dass es eine Blaupause gäbe, die ganz genau vorgibt, was situativ individuell zu tun ist. Die kannst aber nur du für euch erschaffen. Sei dir dennoch sicher: **Man trifft immer wieder auch nicht ganz so glückliche Entscheidungen und fragt sich im Nachhinein, warum man nicht gleich auf dieses komische Gefühl gehört hat.** Genau aus diesen Dingen lernt man in der Rückschau, wenn sie durch die Tagebucheinträge sichtbar werden und man darüber reflektiert. Diesen Lernweg kann dir leider niemand abnehmen. Du wirst durch ihn aber an Sicherheit gewinnen und genau das spürt auch dein Hund, denn für ihn ist es wichtig, wie du Entscheidungen triffst. Unvorhersehbar, ständig wechselnd, hektisch, gewaltvoll oder überhaupt nicht authentisch, weil du nur machst, was man dir gesagt hat, aber gar nicht verstehst, warum du es tust – das wäre keine gute Wahl. Du solltest verstehen, warum du Dinge mit deinem Hund tust, deshalb solltest du dich trauen, Fragen zu stellen. Gerade bei Fachpersonen, die du dafür bezahlst, dass sie dir Wissen weitergeben.

UMGANG MITEINANDER

Auch über persönliche Grenzen sollte dein Hund Erwartungssicherheit verspüren. Ständig wechselnde Hausregeln, je nach Laune und Energie, sind für den Hund sehr stressend und münden nicht selten in Verhaltensauffälligkeiten. Wir wissen mittlerweile sehr gut, dass es nicht das Bett, Sofa oder wer zuerst zur Tür rausgeht, ist –

Wichtig

Verwechsle „Grenzen setzen“ nicht mit Gehorsam. Du selbst bist in der Verantwortung, deine Grenzen zu schützen. Hier können Türgitter, eine (Schlepp-)Leine oder Alternativbeschäftigungen hilfreich sein.

die Alpha-Theorie ist längst widerlegt und sollte schon lange nicht mehr zur Erklärung mancher Trainingspraktiken herangezogen werden. Vielmehr zählen das soziale Miteinander, die Grundmelodie und der Umgangston des Miteinanders. Die Schwierigkeit stellt meist die Sprachbarriere dar, weil man gerne hätte, dass der Hund aufhört, funktioniert, so wie man es sich wünscht. Genau hier sollen die Übungen in diesem Buch helfen. Statt den Hund wütend anzumeckern, kann er durch ein entsprechendes Signal eine erwünschte Alternative zeigen, z. B. zu seinem Kissen gehen. Für eine persönliche Auszeit für dich, kann z. B. über die Ruhezone und die Futterlandschaft gearbeitet werden.
Ein gut und positiv konditioniertes „Sitz“ kann unerwünschtes Verhalten wunderbar unterbrechen. Besser wäre, noch vor dem unerwünschten Verhalten über ein passendes Signal zu arbeiten, aber Grund für ängstigendes Durchsetzen von Grenzen gibt es mit all den Trainingsmöglichkeiten von heute nicht. Meine persönlichen Grenzen sollen nicht aus Angst vor mir gewahrt werden. Nachvollziehen und im menschlichen Sinne verstehen wird ein Hund unsere Grenzen niemals, da er ein Hund ist. Ebenso sollte auch dein Hund so tiefes Vertrauen in dich haben können, dass er sich traut zu zeigen, wenn er etwas nicht möchte oder ihm etwas zu viel ist. Respekt sollte keine Einbahnstraße sein. Unsere individuellen persönlichen Grenzen müssen nicht bis zur Unkenntlichkeit verschoben werden, das gleiche Recht sollte allerdings auch unseren Hunden eingeräumt werden.

Mein Tipp

Klare und zuvor sauber trainierte Signale bringen im täglichen Miteinander Entlastung.

ERWARTUNGSSICHERHEIT

Die angesprochene Erwartungssicherheit im sozialen Miteinander bildet ein wichtiges Fundament, aber auch die Sicherheit über Ausstiegsmöglichkeiten aus unangenehmen Situationen ist wichtig. Wir Menschen kennen diese Möglichkeit z. B. bei der zahnärztlichen Behandlung. Man kann ein Handsignal ausmachen, was zuverlässig eine Pause der Behandlung ankündigt. So fühlt man eine gewisse Handlungsmacht über die Situation und damit einhergehend Sicherheit. Nur deshalb kann man die durchaus mal unangenehme Behandlung ertragen. Gleiches Wissen haben wir nicht nur über Hunde, sondern auch im Training mit Tieren, die uns kräftemäßig haushoch überlegen sind. Reine Kooperation und die Sicherheit über einen vorher trainierten Exit, z. B. das Anheben des Kopfes, führen dazu, dass sich Tiger, Wölfe und auch im Wasser lebende Tiere in Kooperation tierärztlich behandeln lassen. Ein Kräftemessen würde für den Menschen nicht gut ausgehen. Mit unseren Hunden haben wir sogar noch den Vorteil, dass wir uns und unsere individuelle Kommunikation durch das enge Zusammenleben sehr gut kennen und Vertrauen aufbauen konnten.
Achte in eurem Alltag ganz genau darauf, ob und wie dein Hund dir seine Grenzen mitteilt. Hunde, die z. B. mit Fremdhunden Stress verknüpfen, möchten oftmals gewisse Wege nicht gehen oder ziehen nach ein paar Hundebegegnungen zum Auto zurück. Hunde mit längerem Fell stehen z. B. bei der Fellpflege nach einiger Zeit auf, weil es zu oft geziept hat.

Es lohnt sich hier, Erwartungssicherheit zu schaffen und dem Hund Mitspracherecht zu geben, wo es im Alltag möglich ist. Die Fellpflege kann kleinschrittig und in kurzen Zeitfenstern gestaltet werden, so dass der Hund nach einiger Zeit dabei ganz entspannt sein kann. Es ist völlig normal, dass der Ausstieg zu Beginn häufig genutzt wird, um sich dieser Möglichkeit auch ganz sicher sein zu können. Diese Verlässlichkeit und die damit gewonnene Erwartungssicherheit führen dazu, dass der Hund entspannter ist.
Ein so aufgebautes Fundament hält auch mal in Notsituationen, wo wir schützende Gewalt anwenden müssen. Eine tierärztliche Behandlung muss manchmal sein, ohne dass wir genau diese Behandlung im Vorfeld trainieren konnten. Die empathische Begleitung und das Training über Exitmöglichkeiten machen einen wichtigen Unterschied.

SCHNITTMENGE DER BEDÜRFNISSE

Bedürfnisorientiertes Training gilt oft als Umgangsform, in der es nur um den Hund gehen würde. Dabei trifft das genaue Gegenteil zu. Hier zählen die Bedürfnisse aller Beteiligten. Es müssen passende Schnittmengen gefunden werden, da es nicht 100 % für jeden geben kann. Der Blick auf die aktuell zur Verfügung stehenden Ressourcen zeigt die Möglichkeiten und den Handlungsrahmen der ganz individuellen Familie. An manchen Tagen konnte mein junger Hund deutlich leichter warten und sich zurücknehmen, während der Senior durch Schmerzen kaum noch Impulskontrolle aufbringen konnte. Die menschliche Erwartung wäre aber eine gegensätzliche: Der Ältere kann es besser, also muss er warten. **Das Bedürfnisorientierte hat einen feinen Blick, der den Ist-Zustand und nicht ein festgefahrenes Schema bewertet.**

Den Alltag in Gemeinsamkeit bestreiten, bedeutet auch, ganz genau hinzuschauen.

Zeit für sich selbst

Manchmal ist es mir wichtig, Zeit alleine in meinem Büro zu verbringen, oder auch mal ganz alleine joggen zu gehen, ohne dabei auf jemanden achten zu müssen. In diesen Zeiten müssen die anderen dann warten. Danach habe ich wieder mehr Ressourcen, um Erwartungen anderer zu erfüllen. Auch hier tragen wir die Verantwortung, dürfen aber nicht erwarten, dass unsere Entscheidungen bei allen zu Freudentänzen führen. Das Aushalten von Emotionen, entsprechendes Umlenken und Alternativangebote machen, ist anstrengend, aber lohnend, wenn es um den Schutz der Beziehung geht. Du solltest dir dennoch das Recht zugestehen, mal überhaupt keine Lust auf Training, Überdenken und Umlenken zu haben. Überlege dir für diese Situationen vorher entsprechende Strategien. Es könnte ein Spaziergang an der Schleppleine mit vielen Futterbelohnungen sein, oder eine große Beschäftigungseinheit im Garten und gar keine Runde draußen in der Umwelt. Auch ganz freie Tage, in denen der Hund gar keine Rolle spielt, dürfen sein und solltest du deinem Hund zumuten können. Gestalte euren Alltag mit Blick auf das Stressfass (auch dein eigenes), spare dir Impulskontrolle und Kooperation für die wichtigen Momente auf. Die aktive Stressbewältigung, ebenso wie passende Beschäftigungen, die deinen Hund auslasten und ausgeglichen machen, sollten nun zu eurem Alltag gehören.

Auch wenn wir dem süßen Hundeblick kaum widerstehen können, sollten wir Zeiten nur für uns haben, in denen auch wir unsere Akkus wieder aufladen können.

FÜR WEN TRAINIEREN WIR?

Diese Frage sollten wir uns immer wieder dann stellen, wenn wir spüren, dass ein gewisses Verhalten des Hundes dazu führt, uns über die Maßen zu nerven. Sind es Stimmen anderer Personen, vielleicht Scham, weil andere in unserer Vorstellung einen Vorzeigehund haben?
Mir ist wichtig zu klären, wem oder welchen Stimmen man Macht darüber geben möchte, wie man das Verhalten des eigenen Hundes beurteilt. Vielleicht kennst du Situationen, in denen ein Blick einer Person reicht, die vor Wochen mal einen abwertenden Kommentar über deinen Hund gemacht hat. Eine Person, die nicht weiß, wo euer Startpunkt im Training war, was aktuell überhaupt los ist in eurem Leben, kein Verständnis über Hundeverhalten hat und der scheinbar egal ist, wie du dich bei solchen Kommentaren fühlst. Nur du kennst deinen Hund in all seinen Facetten, weißt, warum er aktuell vielleicht weniger Nerven hat, weißt z. B., wann er schlecht geschlafen hat oder krank ist. Euer Training hat das Ziel, euer beider Wohlbefinden zu steigern und ein bestmögliches Miteinander in dieser menschlichen Welt zu schaffen. Das sollte nicht von anderen ungefragt bewertet werden.

SOCIAL MEDIA IM HUNDE-ALLTAG

Tipps und Tricks, schnelle Ratschläge und fachlich nicht haltbare Argumente, angereichert mit starken Meinungen und dem Verdrehen von wissenschaftlichen Begrifflichkeiten, umgeben uns mittlerweile überall, wo wir ins Internet schauen. Meine Community ist sich einig, es gibt Vor- und Nachteile von Social Media. Zugängliches Wissen, Menschen mit ähnlichen Werten, produktiver Austausch, Gespräche und sogar neue Freunde für den Hund, sind durchweg positiv zu sehen. Wäre da nicht das ständige Gefühl, dass der eigene Hund Dinge noch nicht so gut kann, wie gefühlt unzählige andere Hunde in den Videos da draußen. Das kann einen ganz schön runterziehen.
Auch hier muss ich wieder auf unsere Verantwortung als erwachsene Menschen hinweisen: Dinge zu hinterfragen und nicht unreflektiert an unseren Hunden auszuprobieren, sollte selbstverständlich sein. Natürlich wäre es leichter zu sagen, dass die Personen, die Videos, Tipps und Anleitungen ins Internet stellen, ihrer Reichweite entsprechend Verantwortung zeigen würden, aber so funktioniert das Buhlen um Aufmerksamkeit und Marketing eben nicht. Wer die meisten negativen Emotionen hervorkitzelt, gewinnt das Rennen um den Algorithmus. Sogenanntes „Rage-Bait" wird gezielt eingesetzt, dass dabei das Wohl von Hunden in den Hintergrund tritt, ist völlige Nebensache.
Überlege dir deshalb vor jedem negativen Kommentar, wie viel Positives du heute schon ins Internet gestellt hast! Denn das sollte überwiegen.
In diesem Sinne wünsche ich mir, dass du Social Media, gerade im Hundetrainingssektor, mit differenzierten und hinterfragenden Augen siehst. Ansporn und Motivation sind toll, aber es sollte dich niemals runterziehen.

» Wir alle sind
eine Mischung
aus Stärken
und Schwächen.
Keiner hat alle.
Und keinem
fehlen alle.«

Christopher Peterson

Die (viel zu kurze) geschenkte Zeit mit unseren Hunden sollten wir positiv nutzen und sie nicht von Druck und Perfektionismus negativ einfärben lasen.

EIN DANK AN MEINE HUNDE

Für Nicky, Timon, Muffin und Kenny: All meine Hunde waren Entwicklungshelfer, sie haben mein Denken und Handeln individuell geprägt. Mich in ganz verschiedenen Bereichen besser werden lassen und dazu beigetragen, wie ich Menschen und ihren Hunden heute helfe.

Schon meine Straßenhündin Nicky, ein Bardino-Mix, die 2004 im vierten Semester meines Studiums zu mir in die kleinste Studentenwohnung der Welt zog, zeigte mir, dass ich mit Druck und *„du hast das jetzt aber so zu tun"* nur mit Anlauf gegen eine Wand lief. So wollte ich auch gar nicht mit meinem Hund umgehen, schon gar nicht mit einem Hund, der einem tief bis in die hinterste Ecke der Seele blicken konnte. Nicky verdanke ich nicht nur maßgeblich mein Studium ohne größere psychische Schäden überstanden zu haben, sie hat mir beigebracht, Hunden auf Augenhöhe zu begegnen. So komisch es klingen mag, dieser Hund wurde nicht umsonst „Minimensch" im Freundeskreis genannt. Sie hat jede noch so kleine Stimmung wahrgenommen und mich immer und überall seelisch unterstützt.

Timon und Muffin spielen eine ganz besondere Rolle bei meiner heutigen Arbeit. Timon, mein hochsensibler Angsthund, hat mir schon 2009 gezeigt, dass Kleinschrittigkeit noch bewusster und noch kleinschrittiger geht. Er hat mir beigebracht, wie man Angsthunden Wurzeln und Flügel, mit dem nötigen kleinen Schubser, gibt, damit sie selbstbewusst durch diese menschliche Welt gehen können. Mit ihm habe ich z. B. die Zweierregel in meinem Kurs entwickelt. Dieser kleine Professor hat Onlinetraining, Live-Training vor der Kamera und kleinschrittige Videoanleitungen unfassbar einfach für mich gemacht. Durch seine Genauigkeit war 2021 die Entwicklung des ersten Selbstlernkurses „Stress lass nach!" so einfach, wie sie nur sein konnte. Muffin, der Hund, der immer gute Laune und vor nichts einen Hauch von Angst hatte, dafür aber auf Jagdreize reagierte wie kein anderer Hund unserer Familie. Muffin lehrte mich, Verstärkerlisten immer wieder zu perfektionieren und anzupassen. Motivation kann nicht durch Druck und Zwang erreicht werden. Mit keinem Hund hatte ich bisher eine so enge Verbindung, kein Hund hat mich so gekannt und emotional unterstützt wie er. Ich habe leider erst nach seinem Tod bemerkt, dass er ein Service-Hund war, denn dass ich ein neurodivergenter Mensch bin und wie er mich im Alltag unterstützt hat, wurde mir erst im Nachhinein durch neues Wissen klar.

Aber auch Kenny muss ich erwähnen, mein Border Collie, der bei der Frage nach seiner Rasse immer als Border Kenny bezeichnet wird. Denn er ist weit weg von der typischen Schubladenvorstellung eines Border Collies. Ich habe ihn mal als Rammbockpanda auf Ecstasy bezeichnet und ich finde, nichts könnte ihn besser beschreiben. Als Kenny 2016 zu uns kam, hatte ich diese klare Erwartung an ihn und er brachte mir bei, dass vorgefertigte Erwartungen den Blick auf die wahrhaftige Persönlichkeit versperren. Akzeptanz, Offenheit und der Wille, mich objektiv unterstützen zu lassen, haben unsere Beziehung gerettet. Kein Hund hat mich bisher so gefordert und so häufig verzweifelnd unter Tränen fast aufgeben lassen. Kenny kannte kaum Reize, als ich ihn übernahm. Jeder Schritt in die Umwelt überforderte ihn. Ich hatte keine Ahnung, wie ich den beiden erwachsenen, sehr agilen Hunden und ihm gleichzeitig gerecht werden sollte. Aber er hatte sich ja nicht ausgesucht, bei uns einzuziehen. Also suchte ich die bestmögliche Schnittmenge für uns alle. Genau das, was bedürfnisorientiertes Zusammenleben eben ausmacht. Ich guckte jeden Tag aufs Neue auf unsere Ressourcen und suchte eine passende Schnittmenge. Kenny hat Stehgassi in mein Trainings-Repertoire gebracht, ebenso wie Kino und Popcorn und viele weitere Tools. Durch ihn habe ich dieses enorme Verständnis für Hundemenschen, die der Verzweiflung nahe sind, denn ich rede nicht bloß über irgendwelche Schuhe, ich bin selbst in ihnen gelaufen! Kenny konnte nicht in Gruppenstunden am Hundeplatz trainiert werden. Auch als der typische Begleithund, der mit in die Stadt oder zum Kinderspielplatz kommt, war er nicht gemacht.

Du merkst, in diesem Buch ist sehr viel Persönliches aus meiner Hundefamilie gelandet. Deshalb verstehe ich so gut, warum ungebetene Ratschläge und falsch aufgedrückte Stempel einen so treffen können, und was der Druck mit einem machen kann. Kenny war nie stur und wird es nie sein, aber er war sehr oft überfordert von der menschlichen Welt. Und ich habe ihm dabei geholfen und helfe immer noch, wann immer er Unterstützung braucht, sein bestmögliches Leben in der menschlichen Welt mit uns zu leben. Ich hoffe, so geht es dir mit deinem Hund in naher Zukunft auch!

Kontakt und Literatur

Kontakt zur Autorin
kontakt@dogs-connection.de

Kostenlose Inhalte
https://www.dogs-connection.de/willkommen/

Janey May auf Instagram
https://www.instagram.com/dr.janey_may/

Podcast „Dog & Talk – auf eine Gassirunde mit Dr. Janey May“
https://open.spotify.com/show/3PqIIO9n-c6oN59MlrN8eQC?si=fe79f3c25eae4402

Nicky, mein erster eigener und ein ganz besonderer Hund.

ZUM WEITERLESEN IM KOSMOS VERLAG

Fiedler, Anja: **Jagdverhalten verstehen, kontrollieren, ausgleichen.** Wege in den Freilauf.

Fugazza, Claudia: **Do as I do.** Wie Hunde durch Nachahmen lernen.

Hoffmann, Caroline: **Die Macht der Körpersprache.** Mit Hunden positiv kommunizieren.

Meiburg, Sonja: **Lass das!** Hunden freundlich Grenzen setzen.

Meiburg, Sonja: **Welpenschule.** So gelingt dein Einstieg – eingewöhnen, erziehen. Troubleshooting – mit den wichtigsten Dos & Don'ts.

Seumel, Ulrike: **Marker-Training für Hunde.** Auf Augenhöhe zum glücklichen und kooperativen Hund.

QUELLEN

Russell, J.A. & Barrett, L. F. (1999): Core affect, prototypical emotional episodes, and other things called *emotion*: Dissecting the elephant. Journal of Personality and Social Psychology, 76(5), 805 – 819.

Burgdorf, J. & Panksepp, J. (2006): The neurobiology of positive emotions. Neuroscience & Biobihavioral Reviews. Volume 30, Issue 2, Pages 173 – 187.

Dank

Mein aufrichtiger Dank richtet sich als erstes an dich, weil du dieses Buch erworben und deine Zeit diesem Buch gewidmet hast. Ich möchte allen Hunden und ihren Menschen danken, die mich auf meinem Weg ein Stück weit begleitet und so inspiriert haben. Durch das Training mit euch habe ich wohl am meisten gelernt. Auch meine treue Community und alle Käfer (ein Tippfehler hat aus den Käufern meiner Selbstlernkurse die Käfer gemacht, was meine Community bis heute beibehalten hat) möchte ich hier erwähnen: Als ich 2018 auf Social Media angefangen habe, hätte ich mir niemals erträumt, wie viel Energie und positive Emotionen mir entgegengebracht werden. Danke, dass ihr lest, was ich schreibe, hört, was ich im Podcast sage und so interessiert seid!

Iris Schöberl hat diesen Stein (das Schreiben dieses Buches) ins Rollen gebracht. Ich danke dir sehr dafür, ich hätte es sonst wohl nicht getan. Clarissa und Liah sind nicht nur beste Büronachbarinnen, sondern auch mein größter Buchschreib-Fanclub. Danke Clarissa, dass du immer für mich da bist und ich mich jederzeit auf deine Freundschaft verlassen kann. Auch Hilke vom Kosmos Verlag möchte ich danken, sie hat mich so herzlich betreut und war immer für mich da.

Julia ist nicht nur meine Mitarbeiterin, sondern mittlerweile eine enge Freundin geworden und ich kann nur sagen: „Ohne dich hätte ich das Schreiben nicht so durchgezogen". Danke fürs Zuhören, Mutmachen, Unterstützen, Anfeuern, Anschubsen und da sein. Ich bin unfassbar dankbar, dass du den Weg in mein Leben gefunden hast.

Meine Eltern haben mir nicht nur Tierliebe vorgelebt, sondern auch das Zusammenleben und Aufwachsen mit Tieren ermöglicht. Sie haben mir meinen Studienwunsch erfüllt und mich bei allem unterstützt, was ich beruflich ausprobiert, auch mal hingeworfen und getan habe. Ich danke euch, dass ihr mir diese Tierliebe mitgegeben habt, jedes meiner Tiere so herzlich in eure Herzen aufgenommen habt und zu jeder Zeit an mich und meine Ideen glaubt.

Meinem Mann Heiko gilt ein besonderer Dank! Eine tierverrückte Frau, mit Millionen Ideen im Kopf, reicht wahrscheinlich für Normalsterbliche schon aus. Nun kam noch das Buch hinzu und auch das hast du nach Kräften unterstützt, mich angefeuert und versucht, es mir so leicht wie möglich zu machen. Danke, dass du immer da bist, egal wie stark der Wind dir entgegenweht!

Der größte Dank geht an meine Tochter, die maßgeblich zu meiner Entwicklung beigetragen und mir so viel beigebracht hat wie nichts und niemand sonst in meinem Leben. Nur deshalb ist mein Lebenstraum, ein eigenes Buch zu schreiben, endlich Wirklichkeit geworden. Mottenmaus, du bist außen und innen der schönste Mensch, der mir je begegnet ist, deine Intelligenz und Weisheit, dein Mut und deine Willenskraft beeindrucken mich jeden Tag aufs Neue. Ich liebe dich unendlich, Sternzahl für immer. Danke, dass du mich so angefeuert hast und immer wusstest, dass ich es schaffen werde.

Danke an alle Fotomodels – Clarissa mit Liah, Claudia mit Benji, Bianca mit Bingo, Lara mit Lizzy und Julia mit Dean – für eure Zeit und Geduld. Ihr seid einfach großartig.

Auch Lisa, Frau Bech, Anna Auerbach, Vanessa, Gloria und allen Kolleg*innen, die mich unterstützen und ein Gefühl von Gemeinsamkeit vermitteln, möchte ich danke sagen.

VON DER THEORIE ZUR PRAXIS – MIT EINEM KLAREN PLAN!

Schritt-für-Schritt-Video-Anleitung: Lerne, wie du das Training individuell und kleinschrittig aufbaust

Stress erkennen: Entwickle ein Auge für die Signale deines Hundes.

Videos und Arbeitsblätter: Praxisnah und leicht verständlich.

Entspannung fördern: Effektive Übungen für mehr Gelassenheit im Alltag - entspannt von zu Hause aus.

Mache den nächsten Schritt und starte jetzt mit dem Selbstlernkurs “Stress lass nach!”.

Für Leser:innen des Buches gibt es einen exklusiven Rabatt: 10 € mit dem Code: STRESSFREI.

Worauf wartest du noch?

Scanne mich, um direkt zum Kurs zu kommen.

Register

BILDNACHWEIS

173 Farbfotos wurden von Anna Auerbach/Kosmos für dieses Buch aufgenommen.
Weitere Farbfotos von Max Klopfer (1: S. 184) und Brigitte Stadler (1: S. 186).
7 Grafiken von Atelier Krohmer (nach Vorlagen von Dr. Janey May).

IMPRESSUM

Umschlaggestaltung von GRAMISCI Editorialdesign München, Stefanie Wawer, unter Verwendung von 5 Farbfotos von Anna Auerbach/Kosmos und 2 Grafiken von Dr. Janey May.

Mit 180 Farbfotos und 9 Grafiken.

Alle Angaben in diesem Buch erfolgen nach bestem Wissen und Gewissen. Sorgfalt bei der Umsetzung ist indes dennoch geboten. Der Verlag und die Autorin übernehmen keinerlei Haftung für Personen-, Sach- oder Vermögensschäden, die aus der Anwendung der vorgestellten Materialien, Methoden oder Informationen entstehen könnten.

Unser gesamtes Programm finden Sie unter **kosmos.de.**
Über Neuigkeiten informieren Sie regelmäßig unsere Newsletter, einfach anmelden unter **kosmos.de/newsletter**

Gedruckt auf chlorfrei gebleichtem Papier

ISBN 978-3-440-18287-1
Redaktion: Hilke Heinemann
Gestaltungskonzept: GRAMISCI Editorialdesign/Cornelia Sekulin, München
Gestaltung und Satz: Atelier Krohmer, Dettingen/Erms
Produktion: Angela List
Druck und Bindung: Westermann Druck Zwickau GmbH, Zwickau
Printed in Germany / Imprimé en Allemagne

FSC
www.fsc.org
MIX
Papier | Fördert gute Waldnutzung
FSC® C110508